Thai Hung Do

Flüssigprozessierte funktionale Schichten für organische Halbleiterbauelemente

Flüssigprozessierte funktionale Schichten für organische Halbleiterbauelemente

von
Thai Hung Do

Dissertation, Karlsruher Institut für Technologie (KIT)
Fakultät für Elektrotechnik und Informationstechnik, 2012
Referenten: Prof. Dr. rer. nat. Uli Lemmer, Prof. Dr.-Ing. Wilhelm Schabel

Impressum

Karlsruher Institut für Technologie (KIT)
KIT Scientific Publishing
Straße am Forum 2
D-76131 Karlsruhe
www.ksp.kit.edu

KIT – Universität des Landes Baden-Württemberg und
nationales Forschungszentrum in der Helmholtz-Gemeinschaft

KIT Scientific Publishing 2013
Print on Demand

ISBN 978-3-86644-959-6

Für meine verstorbene Mutter
For my late mother
Danh cho nguoi me da mat cua toi
Ngo, Thi Mat

Zusammenfassung

Die organische Elektronik hat sich in den letzten Jahren aus den Forschungslaboren heraus zur Marktreife entwickelt. Displays aus organischen Halbleitern werden heute von Samsung in Mobiltelefonen verbaut. Die Firmen Sony und Seiko Epson arbeiten mit Nachdruck an der Entwicklung von Fernsehern mit organischen Displays. Organische Leuchtdioden (OLEDs) kommen im OEM-Markt als kontrastreiche und energiesparende Funktionsanzeigen zum Einsatz. Bis dato werden organische Displays und OLEDs zumeist aus niedermolekularen Funktionsmaterialien in kostenintensiven Vakuum-Prozessen hergestellt. Einer anderen Technik bedient sich die organische Photovoltaik: Ziel der Bemühungen von Wissenschaft und Industrie ist die Verwendung von kostengünstigen Druck- und Beschichtungsprozessen zur Herstellung großflächiger organischer Solarzellen. Zumeist kommen hier Polymere zum Einsatz, die sich gut mit diesen Prozessen verarbeiten lassen. Polymere haben jedoch einen entscheidenden Nachteil: Bei der Synthese werden Defekte in die Polymerketten eingebaut. Da sich Polymere nachträglich nicht mehr aufreinigen lassen, besitzen funktionale Polymerschichten immer eine gewisse Defektdichte, die sich negativ auf die optoelektronischen Eigenschaften und die Lebensdauer der Bauelemente auswirken kann. Aus diesem Grund wäre es wünschenswert, künftig niedermolekulare Materialien in Flüssigprozessen zu verarbeiten. Niedermolekulare Materialien können einerseits sehr gut aufgereinigt werden, sind andererseits jedoch schwer flüssig zu prozessieren, da die Moleküle bei Abscheidung zur Aggregation bzw. Kristallisation neigen.

Aus diesem Grunde verfolgt diese Arbeit das Ziel, hocheffiziente OLEDs auf Basis von niedermolekularen organischen Halbleitern zu entwickeln, die weitestmöglich aus der Flüssigphase appliziert werden. Die Prozess-Entwicklung erstreckt sich dabei auf alle für eine OLED wichtigen funktionalen Schichten wie Emissions-Schichten oder Loch- und Elektronen-Transportschichten sowie -Injektionsschich- ten.

Das p-dotierte Materialsystem MTDATA:F_4TCNQ hat sich als ideale Lochinjektionsschicht herausgestellt. Die Dotierung von MT-DATA mit F_4TCNQ wurde mittels Absorptions-Spektroskopie im VIS/NIR nachgewiesen. Bei der Dotierung mit dem starken Akzeptor F_4TCNQ bilden sich Ladungstransfer-Komplexe, die zu rotverschobenen Absorptionsbanden im Absorptions-Spektrum führen. Diese dotierten Schichten stellen einen ohmschen Kontakt mit der Anode her, wodurch die Injektion der Löcher verbessert wird. Damit ist die MTDATA:F_4TCNQ-Schicht eine hervorragende Alternative zum üblicherweise verwendeten PEDOT:PSS, das stark sauer ist und somit benachbarte Schichten chemisch angreifen kann, was sich wiederum nachteilig auf die Lebensdauer der OLEDs auswirkt. Gegenüber PEDOT:PSS zeigt MTDATA:F_4TCNQ außerdem geringfügig bessere optoelektronische Eigenschaften, was sich in einer besseren Bauelement-Effizienz bemerkbar macht.

Zur Herstellung eines ohmschen Kontaktes zwischen der Kathode und den organischen Funktionsschichten, und somit für die Verbesserung der Elektroneninjektion, wird die eine elektronenleitende BPhen-Schicht mit CsF dotiert. Die Einsatz-Spannung entsprechender SuperYellow-OLEDs wird dadurch auf etwa $2,2\,\mathrm{V}$ reduziert, was ziemlich genau der Bandlücke $E_\mathrm{g} = 2,2\,\mathrm{eV}$ des Emitters entspricht. Darüber hinaus verbessern sich die Effizienzen durch die Dotierung von BPhen mit CsF um etwa 30%. Die Verbesserung der Elektroneninjektion führt zu einem besseren Gleichgewicht zwischen Elektronen und Löchern in der OLED. Andererseits fördert die raue BPhen:CsF-

Oberfläche die Lichtauskopplung aus der OLED. Alleine dieser Effekt führt zu einer Steigerung der Leuchtdichte von bis zu 20 %. Da sich die Schicht aus einer Ethanol-Lösung abscheiden lässt, kann sie auf nahezu jeder Oberfläche in einem umweltfreundlichen Prozess appliziert werden.

Um auch die Emitterschicht aus niedermolekularen Materialien zu realisieren, wird auf das aus der Vakuum-Prozessierung bekannte phosphoreszierende Guest/Host-System CBP:Ir(ppy)$_3$ zurückgegriffen und ein Prozess zur Flüssigphasen-Abscheidung des Gemischs entwickelt. Die so hergestellten OLEDs zeigen die gleichen Eigenschaften und Effizienzen wie vakuumprozessierte Referenz-OLEDs mit gleicher Bauelement-Architektur. Als Schlüssel für das Erreichen hoher Effizienzen hat sich die Morphologie des CBP:Ir(ppy)$_3$-Gemisches erwiesen. Dabei zeigte es sich, dass die Morphologie durch die Zugabe von Polystrol entscheidend verbessert werden kann. Im Sinne einer künftigen kostengünstigen OLED-Prozessierung wurden auch Kupfer-Komplexe als Emitter in OLEDs untersucht. Die dazugehörigen Bauelemente zeigten ähnliche Effizienzen wie die OLEDs mit etablierten Iridium-Komplexen.

Die Verwendung einer Lochblockschicht bringt weitere Vorteile für das Bauelement mit sich: Die zuvor injizierten Löcher können nicht mehr in der Kathode rekombinieren und werden zur strahlenden Emission in der aktiven Schicht gezwungen. So verbessert die (flüssigprozessierte) Blockschicht aus dem niedermolekularen TAZ die Elektrolumineszenz der OLEDs deutlich. Eine (aufgedampfte) Blockschicht aus TPBi erhöht die Leuchtdichte der OLEDs aufgrund ihrer Blockfunktion für Triplett-Exzitonen gegenüber den weit verbreiteten BPhen-Schichten sogar etwa um Faktor drei, so dass eine Current Efficiency von 60 cd/A und eine Power Efficiency von 40 lm/W erzielt werden konnte.

Viele der Erkenntnisse über Ladungstransportschichten und -injektionsschichten können gewinnbringend auf andere organische Bauelemente übertragen werden. Die Verwendung von hochleitfähigem PEDOT:PSS erlaubte, die kostspielige ITO-Anode in Solarzellen durch Kunststoff-Elektroden zu ersetzen. Aufgrund der besseren Brechungsindex-Anpassung der organischen Elektroden an das lichtabsorbierende Materialsystem konnten dabei die Wirkungsgrade der Solarzellen sogar geringfügig gesteigert werden.

Auch für das noch sehr junge Forschungsfeld der organischen Thermoelektrik werden leistungsfähige Ladungstransportschichten benötigt. Insbesondere das hochleitfähige PEDOT:PSS hat sich als vielversprechendes Material mit guten thermoelektrischen Eigenschaften erwiesen. Obwohl der hier erzielte Gütefaktor von PEDOT:PSS $ZT=0{,}023$ noch nicht so hoch wie der anorganischer Materialien ist, ist das Potenzial der organischen Halbleiter klar zu erkennen: Während bei anorganischen Halbleitern die Veränderung einer der drei thermoelektrischen Eigenschaften - Ladungsträger-Diffusion, elektrische und thermische Leitfähigkeit - sofort auch zur Änderung einer anderen Eigenschaft führt, konnte gezeigt werden, dass diese Parameter in organischen Materialsystemen bis zu einem gewissen Grade unabhängig voneinander eingestellt werden können. Im Hinblick auf die nahezu unendlichen Möglichkeiten, organische Halbleiter zu modifizieren, konnte in dieser Arbeit ein Weg zur Verbesserung künftiger Materialien für organische thermoelektrische Generatoren aufgezeigt werden.

Publications

Organic Semiconductors for Thermoelectric Applications
Manfred Scholdt, Hung Do, Johannes Lang, Andre Gall, Alexander
Colsmann, Uli Lemmer, J. Koenig, M. Winkler, H. Boettner.
Journal of Electronic Materials, Volume 39, Number 9 (2010), 1589
- 1592.

**Cathodes comprising highly conductive
poly(3,4-ethylenedioxythiophene):poly(styrenesulfonate) for
semi-transparent polymer solar cells**
Felix Nickel, Andreas Pütz, Manuel Reinhard, Hung Do, Christian
Kayser, Alexander Colsmann, Uli Lemmer.
Organic Electronics, Volume 11, Issue 4, (2010), 535 - 538.

**Polymeric anodes from poly(3,4-ethylenedioxythiophene):
poly(styrenesulfonate) for 3.5 % efficient organic solar cells**
Hung Do, Manuel Reinhard, Hendry Vogeler, Andreas Pütz, Michael
F. G. Klein, Wilhelm Schabel, Alexander Colsmann, Uli Lemmer.
Thin Solid Films, Volume 517, Issue 20, (2009), 5900 - 5902.

**Plasma patterning of Poly(3,4-ethylenedioxythiophene):
Poly(styrenesulfonate) anodes for efficient polymer solar cells**
Alexander Colsmann, Florian Stenzel, Gerhard Balthasar, Hung Do,
Uli Lemmer.
*Thin Solid Films,*Volume 517, Issue 5, (2009), 1750 - 1752.

Drying of thin film polymer solar cells

Benjamin Schmidt-Hansberg, Hung Do, Alexander Colsmann, Uli Lemmer, Wilhelm Schabel.
European Physical Journal Special Topics, Volume 166, Number 1 (2009), 49 - 53.

Conference presentations of this work
Solution processed multi-layer OLEDs with low onset voltage

Thai Hung Do, Stefan Hoefle, Daniel Bahro, Alexander Colsmann, Uli Lemmer.
SPIE Optics and Photonics, (2012), Bruxelles/Belgien.

Fully solution processed multi layer OLEDs with low on set voltage

Hung Do, Stefan Hoefle, Stefan Schindler, Andre Bott, Marina Pfaff, Alexander Colsmann, Uli Lemmer.
4th international symposium on flexible organic electronics, IFSOE11, (2011), Thessaloniki/Greece.

Functional layers for solution processed organic light emitting diodes

Stefan Höfle, Do Hung, Andre Bott, Alexander Colsmann, Uli Lemmer.
Nanomat, (2010), Karlsruhe/Germany.

Cesiumflouride doped bathophenanthroline buffer layers for Polymer Light Emitting Diodes

T. Hung Do, Andre Bott, Andreas Pütz, Alexander Colsmann, Uli Lemmer.

4th International Symposium Technologies for Polymer Electronics - TPE 10, 2010, Rudolstadt/Germany.

Solution processed pin-OLEDs

Alexander Colsmann, Hung Do, Andre Bott, Sebastian Blume, Andreas Pütz, Uli Lemmer.

SPIE Optics and Photonics , (2010), San Diego, CA, USA.

Transparent Electrodes for Efficient Organic Photovoltaic Devices

Felix Nickel, Andreas Pütz, Hung Do, Manuel Reinhard, Henry Vogeler, Alexander Colsmann and Uli Lemmer.

Organische Photovoltaik Konferenz, (2010), Würzburg.

Transparent polymer electrodes for efficient organic photovoltaic devices

Thai Hung Do, Manuel Reinhard, Henry Vogeler, Andreas Pütz, Felix Nickel, Alexander Colsmann and Uli Lemmer.

European Materials Research Society Spring Meeting, 826, (2009), Strasbourg.

Transparent polymer electrodes for efficient organic photovoltaic devices

Thai Hung Do, Manuel Reinhard, Henry Vogeler, Andreas Pütz, Felix Nickel, Alexander Colsmann and Uli Lemmer.

SPIE Optics and Photonics , 7416-60, (2009), San Diego, CA, USA.

Efficient recombination zones for organic tandem solar cell

Andreas Pütz, Tobias Stubhan, Hung Do, Nico Christ, Michael F.G. Klein, Alexander Colsmann and Uli Lemmer.
SPIE Optics and Photonics , 7416-59, (2009), San Diego, CA, USA.

Drying of thin film polymer solar cells

Benjamin Schmidt-Hansberg, Hung Do, Alexander Colsmann, Uli Lemmer, Wilhelm Schabel.
7th European Coating Symposium, (2007), Paris.

Supervised thesises

Diplomarbeit

Stefan Höfle, *n-dotierte Ladungstransportschichten für flüssigprozessierbare p-i-n-OLEDs*, (2011).

Studienarbeit

Daniel Bahro, *Herstellung flüssigprozessierter phosphoreszierender blauer OLEDs*, (2011).

Stefan Schindler, *Organische Leuchtdioden mit flüssigprozessierbaren Emissionsschichten aus Kleinen Molekülen*, (2011).

Bashir Fakih, *Neuartige Triplett-Emitter für flüssigprozessierbare organische Leuchtdioden*, (2011).

Stefan Höfle, *Hostmaterialien für phosphoreszierende flüssigphasenprozessierte OLEDs*, (2010).

Sebastian Blume, *Ladungsträger-Blockschichten für flüssigprozessierte OLEDs*, (2010).

Johannes Lang, *Dotierung organischer Halbleiter*, (2009).

Andre Bott, *Cäsiumfluorid als Dotand für Elektronentransport-schichten in organischen Leuchtdioden*, (2009).

Inhaltsverzeichnis

1. Einleitung

Die organische Elektronik (OE) ist ein zukunftsweisender Markt. Bereits vor 10 Jahren war ein schnelles Wachstum abzusehen und organische Produkte wie zum Beispiel organische Leuchtdioden (OLEDs) konnten sich am wachstumsstarken Markt des Mobilfunktelefon-Displays erfolgreich etablieren. 2008 betrug das Marktvolumen 1,58 Mrd. US $ für Dünnschicht-Produkte [32]. Drei Jahre später stieg das Volumen weiter auf 2,2 Mrd. US $ [33]. Während der Umsatz der druckbaren Elektronik im Jahr 2008 27,8 % des gesamten OE-Marktes betrug, wuchs sein Anteil im Jahr 2011 auf 38 %.

Trotz Schwierigkeiten in der Weltwirtschaft wird die Entwicklung des OE-Marktes in den kommenden zehn bis 20 Jahren optimistisch vorausgesagt. Aufgrund der industriellen Nachfrage wurden viele Marktstudien in der letzten Zeit durchgeführt. Die Marktstudie Productronica hat 2009 eine Prognose für den OE-Markt bis 2015 mit einem Volumen von ca. 40 Mrd. US $ abgegeben (siehe Abbildung 1.1). Etwas vorsichtiger hat das Unternehmen Transparencymarketresearch Anfang 2012 das Marktvolumen im Jahre 2016 auf knapp 30 Mrd. US $ prognostiziert [169]. Diese positive Sicht wird durch das zu erwartende, starke Wachstum vieler neuer Bereiche, wie z.B. organische Dünnschicht-Transistoren (OTFTs) sowie Radio-Frequency-Identification-Produkte, untermauert. Eine langfristige Entwicklung des Marktes für organische, druckbare und flexible Bauelemente bis zum Jahr 2021 wird auf einem Umsatz von 44,2 Mrd. US $ geschätzt.

Als erstes OE-Produkt konnten sich OLEDs erfolgreich etablieren [27], da sie viele Vorteile gegenüber den konventionellen Strah-

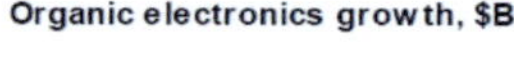

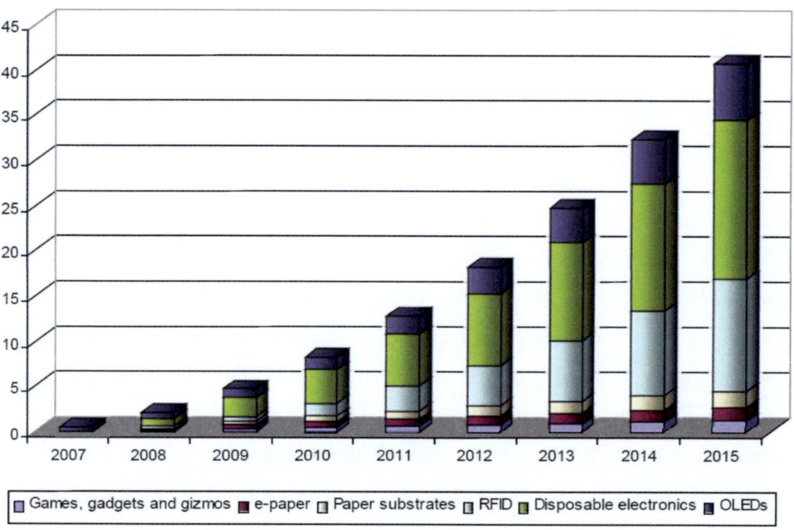

Bild 1.1.: Prognose für die Entwicklung des gesamten OE-Marktes [139].

lungsquellen besitzen. Obwohl sich die OLEDs in der Entwicklungs-
phase befinden und noch lange nicht ihr volles Potenzial erreicht haben, konnten sie schon einige Wettbewerber hinsichtlich der Effizienz
überholen. Diese Steigerung der Effizienz von OLEDs, wie in Abbildung 1.2 dargestellt, wurde im Labor mit 90 lm/W bestätigt [142].

Die rasanten Fortschritte der OLEDs liegen unter anderem an den
Entwicklungen in der Materialwissenschaft und der Bauelemente-
Architektur. Die organischen Moleküle lassen sich in ihrer Struktur
leicht modifizieren und damit in ihren Eigenschaften entsprechend variieren. Da die Farbe zu diesen modifizierbaren Eigenschaften gehört,
können weiße OLEDs mit hoher Farbwiedergabe hergestellt werden.
Wegen den besonderen Eigenschaften wie Transparenz, Flexibilität
und Dehnbarkeit eröffnen sich den OLEDs neben den traditionellen

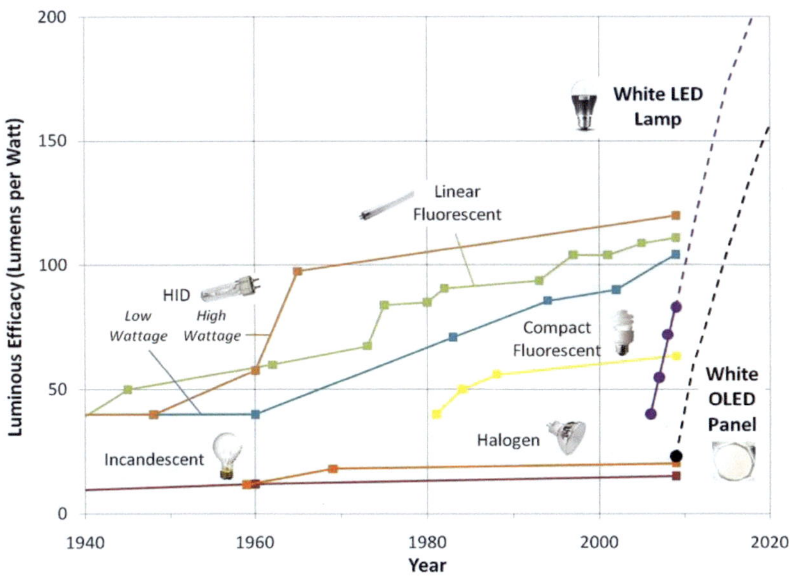

Bild 1.2.: Steigerung der Effizienz von Lichtquellen [42].

Anwendungen wie Displays für Autoradios, MP3-Player, Mobiltelefone und ähnliche, viele neue Produktbereiche [28]. Damit sich die OLEDs am Markt durchsetzen können, muss der Preisfaktor deutlich sinken (siehe Abbildung 1.3), da insbesondere die Konkurrenz der herkömmlichen LEDs mit einem Preis von weniger als US $ 100/klm zur Zeit noch deutlich günstiger ist. Für OLEDs wird der Preis bis 2012 mit ca. 240 US $/klm noch deutlich höher geschätzt [36].

Auch der Markt für organische Photovoltaik befindet sich in einer starken Wachstumsphase. Der Anstieg der Öl- und Gaspreise hat das Interesse an erneuerbaren Energien verstärkt. Immer mehr Geld wurde von vielen Regierungen in die Forschung für neue Energiequellen investiert. Im Bereich der Photovoltaik konkurrieren verschiedene Technologien untereinander, wie z.B. kristallines Silizium (c-Si), amorphes Silizium (a-Si), Farbstoff-Solarzelle (DSSC),

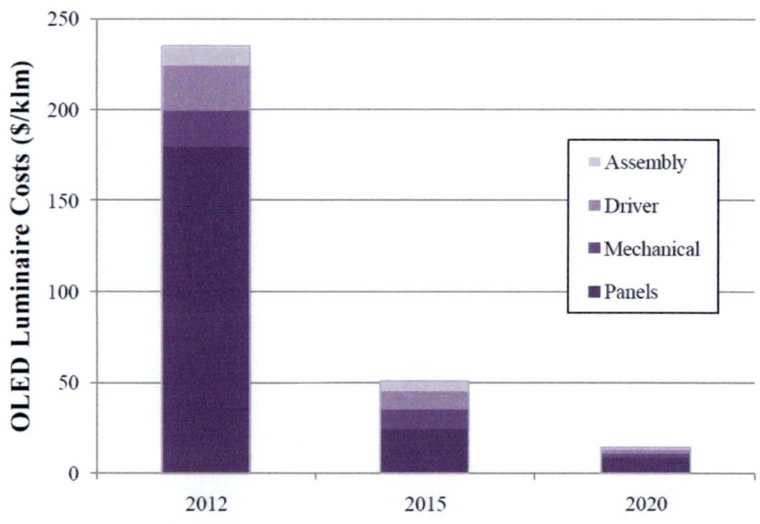

Bild 1.3.: Erwartung der Herstellungskosten für OLED-Panels bis 2020. Damit die OLEDs mit den anderen Produkten konkurrieren können, müssen die Herstellungskosten in den kommenden Jahren stark reduziert werden [36].

$Cu(In, Ga)(S, Se)_2$-Solarzelle (CIGS) und Cadmiumtellurid-Solarzelle (CdTe). Während die Rekord-Wirkungsgrade dieser Technologien in den letzten Jahren zunehmend stagnieren, ist bei der OPV ein rapider Anstieg zu verzeichnen [67–69], Abbildung 1.4. Mitverantwortlich für diesen positiven Trend ist auch, dass die OPV und OLEDs wegen ihrer Ähnlichkeit in der Entwicklung direkt voneinander profitieren.

Der Effizienzrekord organischer Solarzellen liegt derzeit bei ungefähr 11 % [67, 97]. Dies erscheint gering im Vergleich zu den anderen Photovoltaik-Technologien. Allerdings basieren die Schichten der OPVs meist auf Polymeren, die sich aus der Flüssigphase herstellen lassen. Dies ermöglicht, z.B mit dem Roll-to-Roll Verfahren, organische Solarzellen schnell und kostengünstig zu produzieren [179]. Diese deutliche Reduzierung der Herstellungskosten könnte die geringere

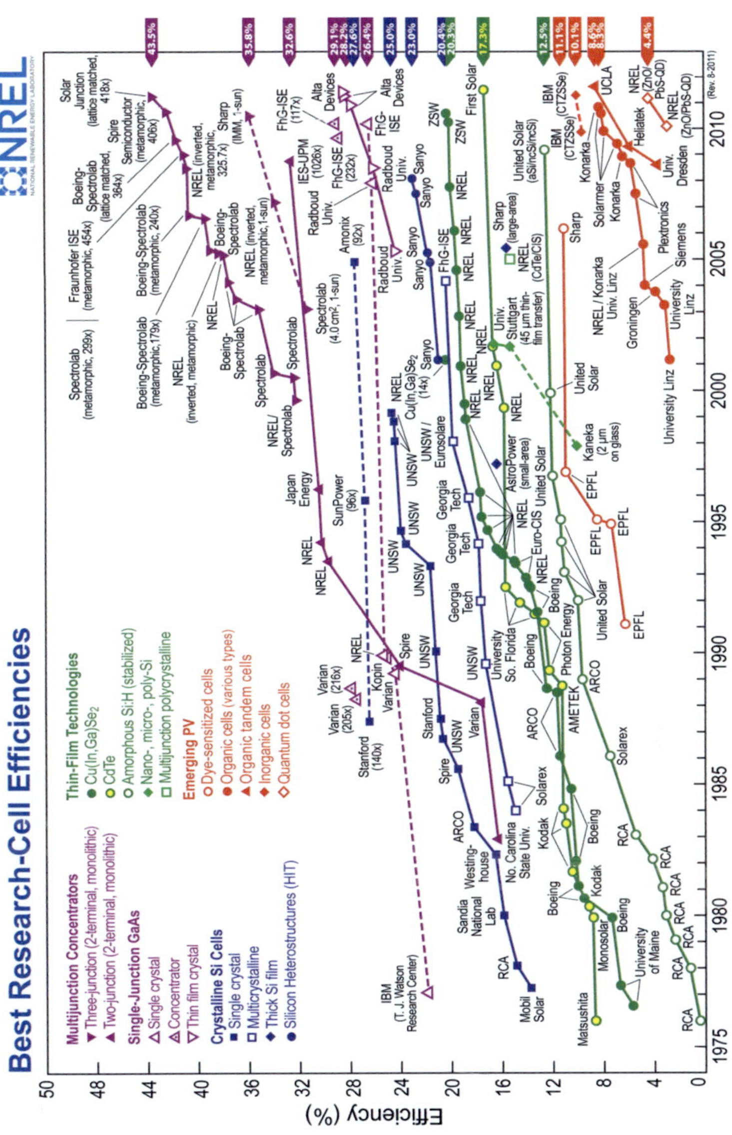

Bild 1.4.: Überblick über die Wirkungsgrade der konkurrierenden Photovoltaik-Technologien [84].

Effizienz ausgleichen.

Die Erhöhung der Effizienz von OLEDs und von organischen Solarzellen ist daher ein sehr aktuelles Forschungsthema. Die Effizienz der organischen Bauelemente kann aufgrund ihrer schlechten Mobilität die Effizienz der anorganischen Bauelemente nicht erreichen. Damit organische Bauelemente wie OLEDs und OPVs am Markt überzeugen, ist es entscheidend, die Kosten zu reduzieren [126]. Dies ist durch günstigere Herstellungsprozesse oder bessere Bauelement-Architektur zu realisieren. Außerdem müssen weitere Materialien und funktionale Schichten erforscht werden, um die einzigartigen Eigenschaften der organischen Bauelemente vorteilhaft einzubringen. Zum Beispiel bieten organische Materialien die Möglichkeit, flexible Bauelemente herzustellen. Die meisten optoelektronischen Bauelemente basieren auf einer transparenten, aber nicht dehnbaren bzw. biegsamen Anode aus Indium-Zinn-Oxid (ITO) [125, 127]. Damit flexible Bauelemente hergestellt werden können, muss die Anode ebenfalls flexibel sein. Neben der Flexibilität müssen die Leitfähigkeit und die Transparenz der Anode beibehalten werden. Ein Teil dieser Arbeit wird sich mit der Untersuchung einer Polymer-Anode beschäftigen. Im Hauptteil dieser Arbeit wird gezeigt, dass Bauelemente mit den industrietauglichen Herstellungsverfahren effizient hergestellt werden können. Dabei wird die Architektur der vakuumprozessierten Bauelemente mit der Flüssigphasen-Abscheidung realisiert. Neue Materialien werden benutzt, um die Effizienz und die Lebensdauer zu verbessern. Weiterhin werden die Eigenschaften der organischen Materialien erforscht, um neue Anwendungen, wie zum Beispiel thermoelektrische Generatoren, zu studieren.

2. Grundlagen

2.1. Organische Halbleiter

Alle Lebensformen sind aus organischen Materialien aufgebaut. Sie
sind Bestandteil unserer Nahrungsmittel bis hin zu Plastiktüten usw.
In den meisten Anwendungen, vor allem in Alltags-Produkten, sind
sie bekannt als nicht leitende Materialien. Die Natur ist aber vielfäl-
tig und bietet darüber hinaus organische leitfähige Materialien. Im
folgenden Kapitel werden die Transportprozesse sowie deren Voraus-
setzungen genauer erklärt.

2.1.1. Ladungstransport

Wesentlicher Bestandteil eines organischen Materials sind Kohlenstoff-
Verbindungen, die organische Moleküle bilden. Kohlenstoffdoppelbin-
dungen bestehen aus einer σ-Bindung und einer π-Bindung. Während die σ-Bindung durch die starke Überlappung der Orbitale stabil
ist, ist die π-Bindung zwischen den parallel zueinander stehenden
p_z-Orbitalen schwächer. Die zugehörigen Elektronen dieser Bindung
sind deswegen nur schwach gebunden. Wenn die Überlappung der
π-Orbitale durch das gesamte Molekül ausgebreitet ist, können sich
die π-Elektronen im Moleküle frei bewegen. Dadurch leiten die organischen Moleküle. Um die Leitfähigkeit einer organischen Schicht
zu verstehen, ist es nötig, den Ladungstransport innerhalb eines Moleküls und zwischen verschiedenen Molekülen zu betrachten. Damit
wir ein besseres Verständnis des Ladungstransports innerhalb eines
Moleküls bekommen, betrachten wir zunächst seine Bestandteile. Die

organischen Moleküle bestehen hauptsächlich aus Kohlenstoffatomen. Kohlenstoff ist ein chemisches Element mit 6 Elektronen. Nach dem Bohr-Sommerfeldschen Atommodell lautet die Elektronenkonfiguration des Kohlenstoffatoms $1s^2 2s^2 2p^2$. Weil die 4 Elektronen der äußersten besetzten Schale (Valenzelektronen) das chemische Verhalten eines Atoms bestimmen, werden im folgenden die 4 Valenzelektronen in $2s^2 p_x^1 p_y^1 p_z^0$ betrachtet. Das Kohlenstoffatom tendiert dazu, einen günstigen Zustand auszubilden [3, 18, 19], indem es mit einem anderen Atom eine Bindung eingeht und damit seine Valenzschale voll besetzt wird. Um eine Bindung einzugehen, wird von jedem Atom ein ungepaartes Elektron zur Verfügung gestellt, das durch die Hybridisierung der Orbitale ermöglicht wird. Unterschiedliche Hybridisierungen liegen vor, je nach Bindungsart mit den benachbarten Atomen. Falls eine sp^3-Hybridisierung entsteht, bilden sich zwischen den Kohlenstoffatomen σ-Bindungen. Methan ist ein Beispiel für die sp^3-Hybridisierung, bei der sich die 2 s-Orbitale mit den 2 p-Orbitalen zu 4 Hybridorbitalen kombinieren, die sich im Raum tetraedrisch ausrichten (siehe Abbildung 2.1a). Die sp^3-Hybridisierung ermöglicht nur die Ausbildung von σ-Orbitalen. Hybridisieren die Orbitale zu 3 sp^2-Hybridorbitalen, die sich trigonal-planar im Raum anordnen, Abbildung 2.1b, liegt eine andere Situation vor. Außer den drei Hybridorbitalen, die in einer Ebene mit den benachbarten Atomen σ-Bindungen ausbilden, stehen die nichthybridisierten p_z-Orbitale senkrecht zur Ebene. Nun können die p_z-Orbitale miteinander wechselwirken. Diese Wechselwirkung ist aufgrund einer geringen seitlichen Überlappung der p_z-Orbitale jedoch schwach. Die π-Bindungen sind deswegen schwächer als die σ-Bindungen. Es existiert auch die sp-Hybridisierung, bei der das 2s-Orbital nur mit einem p-Orbital 2 Hybridorbitale bildet, Abbildung 2.1c. Als Folge der sp-Hybridisierung entstehen zwei σ-Bindungen und zwei π-Bindungen.

In manchen Molekülen können sich die π-Orbitale über mehre Ato-

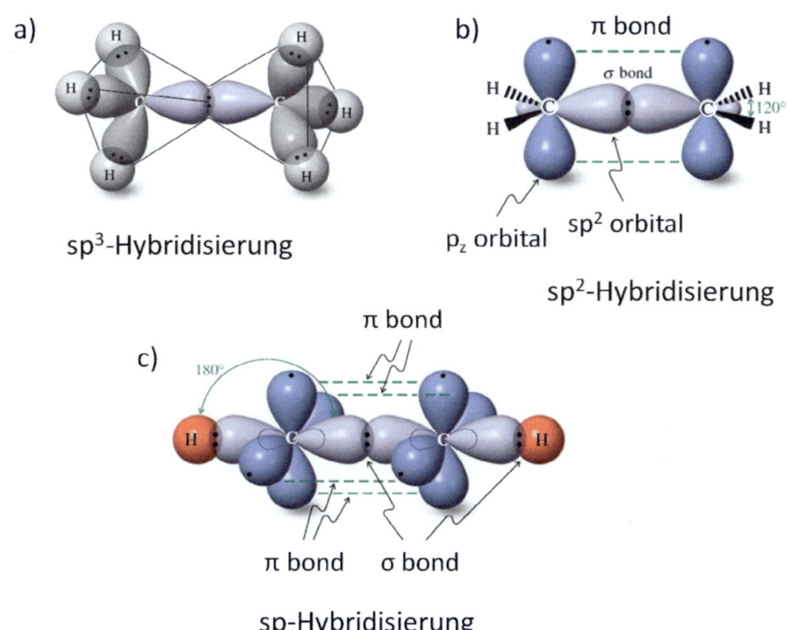

Bild 2.1.: Die Ausrichtungen der Atomorbitale je nach Hybridisierungsart
[175].

me und über das ganze Molekül erstrecken. Elektronen dieses Moleküls haben die Möglichkeit, durch Energiezufuhr in das π^*-Orbital angeregt zu werden und können sich innerhalb des Moleküls frei zu bewegen. Nun bleibt noch die Frage, wie der Ladungstransport zwischen den Molekülen funktioniert. Während die Kristalle anorganischer Halbleiter durch die Atombindung (kovalente Bindung) entstehen, liegen zwischen organischen Molekülen schwächere Van-der-Waals-Kräfte vor. Die Elektronen müssen deswegen zwischen Molekülen durch sogenannte Hopping-Prozesse weitergegeben werden. Die Hopping-Wahrscheinlichkeit hängt mit der Überlappung der Orbitale zusammen. Je größer der Überlapp der Wellenfunktionen ist, desto einfacher ist es für Elektronen, von Molekül zu Molekül zu springen. Die Hopping-Wahrscheinlichkeit ist deswegen vom Abstand und der Anordnung der Moleküle zueinander abhängig. Die Ladungsträgerdichte und damit auch die Leitfähigkeit lassen sich erhöhen, indem fremde Atome oder Moleküle beigemischt werden. Die sogenannte Dotierung wird später im Kapitel 2.1.5 erklärt. Allgemein ist die Mobilität bzw. Leitfähigkeit organischer Halbleiter viel geringer als die anorganischer Halbleiter. Durch die Dotierung organischer Halbleiter kann man aber dennoch Leitfähigkeiten bis 10^3 Siemens pro Zentimeter für Poly(3,4-ethylendioxythiophene)-poly(styrenesulfonate) (PEDOT:PSS) [63] oder bis 10^5 Siemens pro Zentimeter für Polyacetylen [124] erreichen.

2.1.2. Energiezustände und Bindungsenergien

Wie der Name Halbleiter schon sagt, leiten Halbleiter nur unter bestimmten Bedingungen. In anorganischen Halbleitern sind die Elektronen nur frei beweglich und tragen zum Strom bei, wenn sie auf das Leitungsniveau angehoben werden. Es gibt in organischen Halbleitern allerdings keine Kristallstruktur und deswegen auch keine Bänder. Betrachten wir zuerst das Molekülmodell von Ethen, um die Energiezustände zu erklären. Das Ethen-Molekül hat zwei Kohlenstoffatome, die durch eine σ-Bindung zwischen zwei Hybridorbitalen und eine π-Bindung zwischen den nichthybridisierten p_z-Orbitalen gebunden sind. Jedes Orbital eines Elektrons kann als eine Wellenfunktion dargestellt werden. Die Kombination der Wellenfunktion φ_1 und φ_2 lässt sich durch die Linearkombination von Atomorbitalen (LCAO, engl. linear combination of atomic orbitals) beschreiben. Die Linearkombination ergibt zwei Molekülorbitale (MO).

$$\psi_{\text{konstruktiv}} = N \times [\varphi_1 + \varphi_2] \quad \text{und} \quad \psi_{\text{destruktiv}} = N \times [\varphi_1 - \varphi_2] \quad (2.1)$$

N ist ein Faktor, der von der Überlappung der Atomorbitale bzw. vom Abstand zwischen zwei Atomen abhängt. Die bindende Superposition wird als π bezeichnet und die anti-bindende wird π^* genannt, Abbildung 2.2.

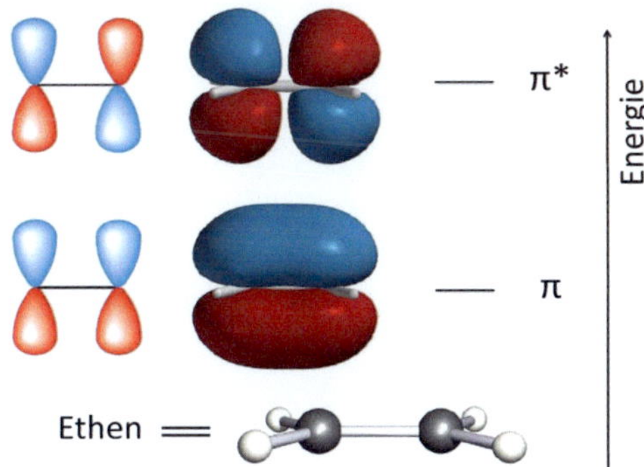

Bild 2.2.: Bindung und Antibindung bei zwei p_z-Orbitalen im Ethen. Der antibindende Zustand liegt energetisch höher als der bindende [19].

Nun betrachten wir größere Moleküle, wie z. B. 1,3-Butadien, Abbildung 2.3.

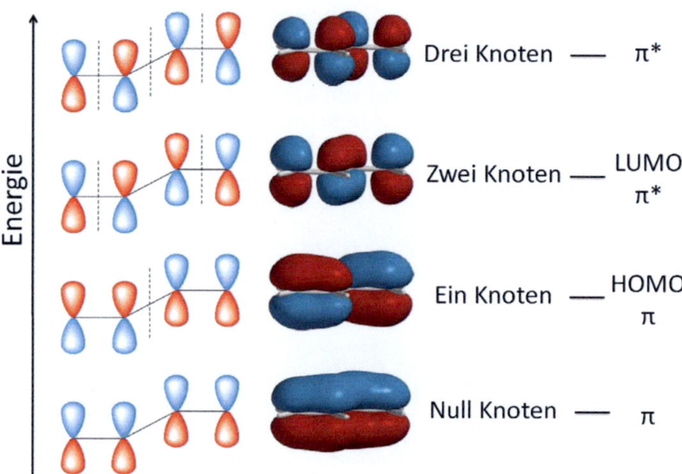

Bild 2.3.: Energieniveauschema des π-MOs von 1,3-Butadien [19]. Die gestrichelten Linien zeigen die Knoten der Wellenfunktion an.

Wenn mehrere π-Bindungen nebeneinander stehen, ermöglichen π und π^* unterschiedliche Energiezustände als Ergebnisse verschiedener Kombinationen, Abbildung 2.3. Diese Zustands-Sammlungen im organischen Halbleiter werden wie Valenz- und Leitungsband im anorganischen Halbleiter betrachtet. Je länger die Konjugation ist, desto mehr Energiezustände als Ergebnisse der Kombinationen entstehen. Außerdem kann die Anordnung der Moleküle in einer Schicht sehr verschieden sein. Dadurch entstehen unterschiedliche Wechselwirkungen zwischen MOs. Dies führt zu zusätzlichen Zuständen.

Schlussendlich gibt es demnach zwei wesentliche Faktoren, die die Eigenschaften des Moleküls oder des Films beeinflussen. Diese sind die Überlappungen der Orbitale und die Länge der Konjugation im Molekül. Dazu gehören viele Eigenschaften, wie z. B. Mobilität, Absorption, Bandlücke, Energiezustände usw. Werden außerdem passende Atome, z.B. Heteroatome wie Stickstoff, Sauerstoff, Schwefel

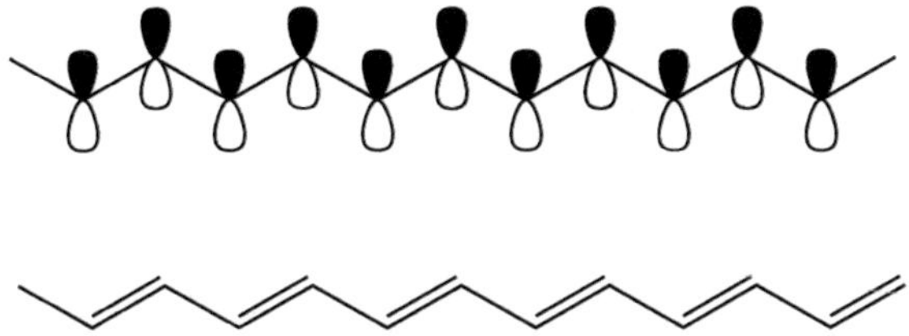

Bild 2.4.: Einfache Konjugation

oder Fluor, in das Molekül eingebaut, ergeben sich für die organischen Moleküle eine Vielfalt an Eigenschaften.

Die Bindungsenergie zwischen einem Elektron und einem Loch spielt in einem organischen Halbleiter eine viel wichtigere Rolle als in einem anorganischen Halbleiter. Das so genannte Exziton ist ein starker Verbund zwischen einem Elektron und einem Loch mit einer Energie von ein paar hundert meV bis ca. einem eV. Gründe für die starke Exzitonenbindungsenergie sind der Abstand zwischen Ladungsträgern und die niedrigen Dielektrizitätszahlen. Vergleichen wir die Exzitonenbindungsenergie von Si mit der eines organischen Materials: Das Coulombsche Gesetz besagt, dass die Anziehungskraft zweier Ladungsträger umgekehrt proportional zur Dielektrizitätszahl und dem Quadrat des Abstands zweier Ladungsträger steht. Die schwachen intermolekularen Wechselwirkungen in organischen Halbleitern verursachen, dass die angeregten Elektronen zusammen mit den Löchern meistens auf einem Molekül lokalisiert sind. Dessen Abstand liegt also im Bereich der Molekülgröße (1 nm). Während Si eine hohe Dielektrizitätszahl von $\varepsilon_r = 12$ hat, haben organische Halbleiter einen typischen Wert von $\varepsilon_r = 3$. Die kleinere Dielektrizitätszahl organischer Halbleiter erhöht die Coulombsche Kraft um einen Faktor von 3 bis 5. Die optische Anregung erzeugt die delokalisierten Ladungsträger mit einem Abstand von 4,6 nm in Si. Daraus resultiert eine große Differenz der Exzitonenenergien zwischen Si und organischen

Halbleitern, entsprechend 14,7 meV und typischerweise 500 meV. Diese hohe Bindungsenergie und der lokalisierte Zustand des Exzitons wirkt sich besonders stark auf die Funktionsweise organischer Solarzellen aus. Das heißt, die vom Licht angeregten Elektronen können sich wegen der großen Exzitonenbindungsenergie nicht frei bewegen und nur dissoziieren, wenn für einen Ladungsträger ein günstigerer Zustand angeboten wird. Die Energiedifferenz zwischen den Zuständen muss dabei größer sein als die Bindungsenergie des Exzitons. Der günstigere Energiezustand kann durch Einbringen eines Akzeptors gewährleistet werden. Dabei gilt immer noch die Bedingung, dass das angeregte Exziton sich wegen der geringen Diffusionslänge von ca. 10 nm in der Nähe eines Akzeptors befinden muss. Dies ist sehr wichtig für die aktive Schicht organischer Solarzellen. Für die OLEDs sind die hohen Exzitonenbindungsenergien und ihre geringe Diffusionslänge eher vorteilhaft. Wenn ein Exziton in der Emissionsschicht einer OLED gebunden wird, kann es nicht mehr weiter wandern. Es minimiert die Wahrscheinlichkeit, dass die Exzitonen an den Defekten oder der Grenzfläche im nahen Abstand nichtstrahlend rekombinieren.

2.1.3. Kleine Moleküle und Polymere

Für den Aufbau der Bauelemente kommen zwei Molekül-Arten besonders häufig zum Einsatz.

Kleine Moleküle (engl. small molecules) sind chemische Verbindungen mit niedrigem Molekulargewicht und bestehen aus wenigen Atomen. Typische Molekular-Massen der kleinen Moleküle betragen ein paar hundert g/mol. Aufgrund ihres geringen Molekulargewichts lassen sich die kleinen Moleküle mit thermischen Verfahren im Vakuum aufdampfen. Eine effiziente OLED mit beliebigen funktionalen Schichten kann aus kleinen Molekülen hergestellt werden. Ein weiterer Vorteil der kleinen Moleküle ist, dass sie mit einfachen Prozessen äußert effizient aufgereinigt werden können. Die hohe Reinheit des Materials kann die Funktion und Effizienz der OLEDs entscheidend verbessern. Weil die kleinen Moleküle meistens sehr kompakt sind, lassen sie sich in Lösungsmitteln schwer lösen. Dieser Nachteil kann behoben werden, indem man funktionale Seitengruppen an das Molekül anhängt. Wie in Kapitel 2.1.2 erwähnt, hängen der Bandabstand sowie viele weitere Eigenschaften des Moleküls von der Länge der Konjugation ab. Dadurch kann man die gewünschten Funktionen der kleinen Moleküle leicht modifizieren, wie zum Beispiel die Löslichkeit oder die Absorptions- und Emissionseigenschaften. Es gibt deswegen zahlreiche Farbstoffe, die für die OLEDs bzw. OPV benutzt werden können. Weil die organischen Materialien das Sonnenspektrum selektiv absorbieren, ist es besonders wichtig, unterschiedliche Farbstoffe zu haben, um das breite Sonnenspektrum abzudecken. Auch für die weißen OLEDs ist eine große Auswahl an Farben immer gewünscht, Abbildung 2.5.

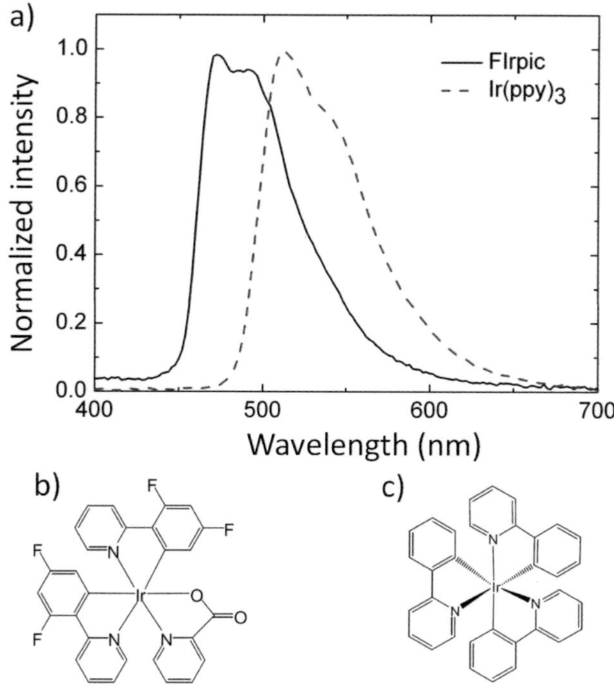

Bild 2.5.: Beispiel der kleinen Moleküle. Durch die Modifikation der Molekülstruktur kann man die Farbe des Farbstoffes verändern (a). Bis(3,5-difluoro-2-(2-pyridyl)phenyl-(2-carboxypyridyl)iridium(III) (kurz FIrpic) (b) und Fac-tris(2-phenylpyridine)iridium(III) (kurz Ir(ppy)3) (c) sind zwei der bekanntesten Farbstoffe für blaue und grüne OLEDs

Polymere sind sehr große Moleküle, die wiederum aus gleichen Einheiten bzw. Monomeren bestehen. Die Monomere können sich hierbei zwischen 10.000 und 1.000.000 Mal wiederholen. Diese Monomere lassen sich in unterschiedlichen Typen von Kettenbindungen polymerisieren. Ein Polymer aus verschiedenen Monomeren wird als Co-polymer bezeichnet. Das PPV-Copolymer SuperYellow ist ein gutes Beispiel für ein Co-polymer [47, 158], (siehe Abbildung 2.6b). Es gibt auch Polymere, die nur auf einem Monomer basieren, wie zum Beispiel PEDOT und P3HT. Im Allgemein sind die Polymere allgemein als Isolatoren bekannt. Ursache hierfür ist, dass diese Polymere nicht konjugiert sind (siehe Abbildung 2.6 a). Das bekannte, nicht leitende Polyethylenterephthalat (PET) wird sehr häufig in der Industrie für Plastikflaschen, Folien und Textilfasern benutzt. Konjugierte Polymere können aber unter bestimmten Bedingungen sehr gut den Strom leiten. Wenn sich ein großes π-Orbital entlang ihrer Kette erstreckt, können sich die Elektronen darin frei bewegen. Weil die Polymere viel größer und länger als die kleinen Moleküle sind, müssen die Elektronen beim Transport durch die Schicht seltener von Molekül zu Molekül hüpfen. Die Schichten aus konjugierten Polymeren haben aus diesem Grund eine höhere Beweglichkeit als Schichten aus kleinen Molekülen. Weil die Polymere nicht so kompakt sind wie die kleinen Moleküle, lassen sich diese in Lösungsmitteln für gewöhnlich besser lösen. Die Löslichkeitseigenschaften werden von den Seitengruppen bestimmt. Weist das Polymer aufgrund der Seitengruppen eine Polarität auf, so ist es in polaren Lösungsmitteln gut löslich. Ist das Polymer dagegen unpolar, so löst es sich entsprechend gut in unpolaren Lösungsmitteln. Polymere sind wegen ihrer Löslichkeit für die Flüssigphasen-Abscheidung geeignet.

Singulett- und Triplettexzitonen

Die Singulett- und Triplett-Exzitonen spielen eine große Rolle bei der Funktion der OLEDs. Die interne Quanteneffizienz der phosphoreszierenden OLEDs kann nahezu 100 % erreichen, wenn alle Triplettexzitonen strahlend rekombinieren. Bei der Absorption des Lichts wird immer ein Singulett erzeugt, weil der Gesamtspin des Systems erhalten bleiben muss. Im Falle der OLEDs werden die Ladungsträger von außen in das Bauelement injiziert. Wegen der Natur des Elektrons kann der Spin nach oben oder nach unten gerichtet sein. Die Spins

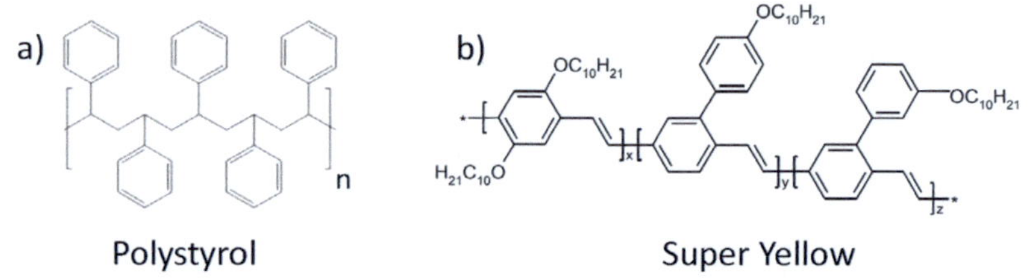

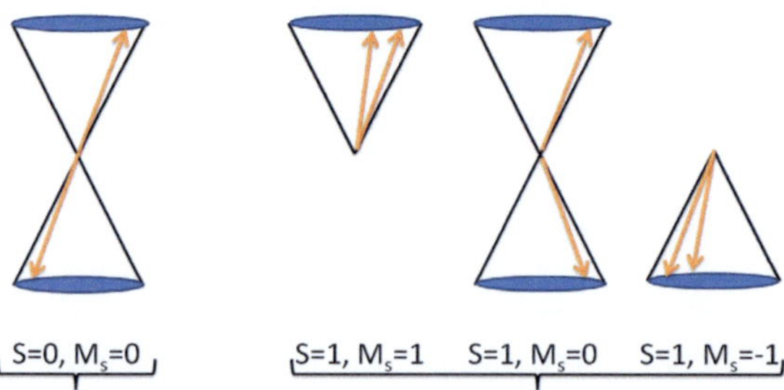

Bild 2.6.: Die Bindungen der Kohlenstoffatome entlang der Kette bestimmen die Eigenschaften der Polymere. Während sich beim Polystyrol die einzelnen Verbindungen entlang der Kette erstrecken, wechseln sich beim PPV-Copolymer SuperYellow ständig Einzel- und Doppel-Bindungen ab. Dies führt dazu, dass Polystyrol die Eigenschaft eines Isolators besitzt, dagegen hat SuperYellow die Eigenschaft eines Halbleiters.

der zwei Elektronen können parallel oder anti-parallel zueinander stehen. Ein Gesamtspin gleich Null resultiert aus einer Wechselwirkung zweier anti-paralleler Spins (Singulett). Die drei anderen Wechselwirkungen der parallelen Spins ergeben einen Gesamtspin von Eins (Triplett), Abbildung 2.7. Nach der Hundschen Regel wird der anti-

Bild 2.7.: Darstellung des relativen Spins von zwei Elektronen als Vektoren. Der gesamte Spin ist eine Funktion von der Richtung und Phase des einzelnen Spins. Nur ein viertel aller Kombinationen ergeben den Spin Null (Singulett) .

parallele Spin generell eine höhere Energie besitzen als der parallele

Spin [3]. Die Energiezustände des Singuletts und des Tripletts sollen im Folgenden genauer beschrieben werden. Die Energie der tiefsten, angeregten S_0 und T_0 Zustände wird folgendermaßen beschrieben.

$$E(S_1) = E(\pi, \pi^*) + K(\pi, \pi^*) + J(\pi, \pi^*) \qquad (2.2)$$

$$E(T_1) = E(\pi, \pi^*) + K(\pi, \pi^*) - J(\pi, \pi^*) \qquad (2.3)$$

Wobei K und J die Coulombsche Wechselwirkung und die Elektron-Elektron-Wechselwirkung beschreiben. $E(\pi, \pi^*)$ ist die benötige Energie zur Anregung des Elektrons vom Grundzustand π auf den angeregten Zustand π^* [172]. Die Tripletts haben von daher ein niedrigeres Niveau als das Singulett. Der Energieabstand zwischen Singulett und Triplett wird folgendermaßen berechnet:

$$\Delta E_{S,T} = E(S_1) - E(T_1) = 2J(\pi, \pi^*) \,. \qquad (2.4)$$

Die Elektron-Elektron-Wechselwirkung hängt von der Überlappung der Wellenfunktionen des Elektrons im angeregten Zustand π^* und des Elektrons im Grundzustand π bzw. dem Loch ab. Je näher sich die Elektronen sind, desto stärker ist die Überlappung der Wellenfunktionen. Aus diesem Grund ist $\Delta E_{S,T}$ stark von der Geometrie und Größe des Moleküls abhängig. Energieabstände zwischen Singulett und Triplett können von Molekül zu Molekül stark variieren [64, 92], Abbildung 2.8. Dieser Abstand spielt eine sehr wichtige Rolle für die Wahl des Host-Materials (Host) ebenso wie des Emitters oder der Transportschicht beim Aufbau der OLEDs. In den späteren Kapiteln werde ich darauf näher eingehen.

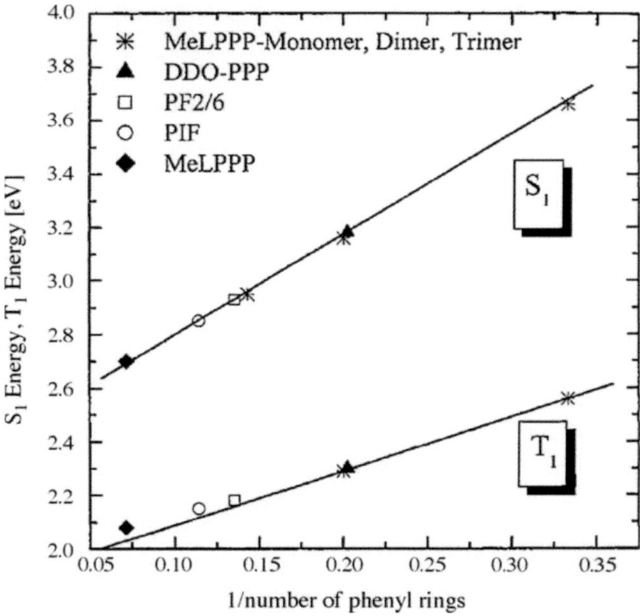

Bild 2.8.: Gezeigt ist die Tendenz der Singulett- und Triplettenergie mit abnehmender Molekülgröße. Je kleiner das Molekül ist, desto stärker ist die Wechselwirkung zwischen Singulett und Triplett, ihr Energieabstand ist entsprechend größer [64].

2.1.4. Dexter- und Förster-Energietransfer

Neben dem Ladungstransport können die organischen Moleküle die Ladungsträger auch untereinander austauschen, was effektiv einen Energietransfer darstellt. Dieser Austausch der Ladungsträger wird als Dexter-Energietransfer oder Förster-Energietransfer bezeichnet. Der Unterschied zwischen Dexter-und Förster-Energietransfer wird im Folgenden beschrieben.

Förster-Energietransfer

Für die Bewertung eines Host-Guest-Systems wird häufig der Förster-Energietransfer herangezogen. Der Förster-Energietransfer, auch als Fluoreszenz-Energietransfer bezeichnet, basiert auf der Dipol-Dipol-Wechselwirkung [46] zwischen Singulett-Exzitonen. Der Förster-Energietransfer ist ein berührungsloser Energie-Transfer über einen großen Abstand von bis zu 10 nm [38]. Ein zeitlich invarianter Dipol im tiefsten, angeregten stationären Zustand kann in den nichtstationären Zustand mit zeitlich oszillierendem Dipolanteil überwechseln. Dieser zeitlich oszillierende Dipol bedingt nun eine Ausstrahlung oder durch die Dipol-Dipol-Kopplung eine Induktion eines korrespondierenden zeitlich oszillierenden Dipols in einem Akzeptor-Molekül im Grundzustand. Genauso kann bei einem Akzeptor der stationäre Grundzustand in den nichtstationären Zustand mit zeitlich oszillierendem Dipolanteil überwechseln. Dies tritt nur unter der Bedingung auf, dass der angeregte Zustand und der Grundzustand gleiche Multiplizität aufweisen. Weil der jeweilige Grundzustand des Donators und des Akzeptors als Singulett vorliegt, findet beim Förster-Energietransfer die Energieübertragung nur von Singulett zu Singulett statt [38]. Dieser Dipolanteil kann nun seine Anregungsenergie entweder in Form von Photonen emittieren oder zu anderen Molekülen übertragen. Dieser Transfer ist nur möglich, wenn der Energiebereich des Emissionsspektrums des Donators mit dem Energiebereich des Absorptionsspektrums des Akzeptors überlappt, Abbildung 2.9. Die Spektren-Überlappung wird für den Energie-Transfer zwischen Host- und Guest-Molekülen ausgewertet. Die Transferrate K hängt von dem Abstand R der Moleküle ab [29, 95]:

$$K = \frac{1}{\tau_H} \left(\frac{R_0}{R} \right)^6 .$$

(2.5)

Hierbei beizeichnet τ_H die Lebensdauer des angeregten Zustands des Donators und R_0 den effektiven Förster-Radius.

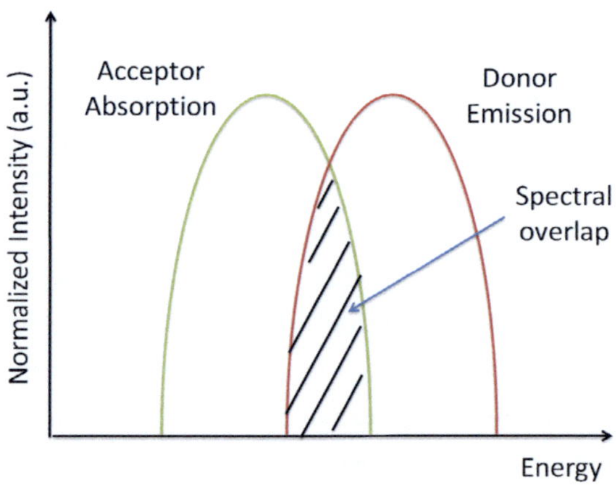

Bild 2.9.: Darstellung des Förster-Energietransfer zwischen Donator und Akzeptor. Je stärker die Überlappung der Spektren ist, desto größer ist die Transferrate.

Dexter-Energietransfer

Beim Dexter-Energietransfer sind die Energieübergänge zwischen unterschiedlichen Multiplizitäten möglich, falls die Wignerschen Spinerhaltungsregeln nicht verletzt werden. Die Abbildung 2.10 beschreibt den Dexter-Energietransfer zwischen Singulett (links) und Triplett (rechts). Der angeregte Donor (D*) gibt seine Energie ab, indem er seine Anregungsenergie an den benachbarten Akzeptor (A) im Grundzustand weitergibt. Der Donor wird nach der Energie-Übertragung in seinen Grundzustand (D) deaktiviert und der Akzeptor in seinem angeregten Zustand (A*) entsprechend aktiviert. Weil in OLEDs die Tripletts dreimal so häufig wie Singuletts vorkommen, ist der Dexter-Energietransfer der dominierende Triplett-

Triplett-Energietransfer und spielt eine entscheidende Rolle beim
Triplett-Emitter. Der Dexter-Energietransfer basiert auf der Überlappung der Wellenfunktionen benachbarter Moleküle in nahem Abstand. Dabei müssen sich der Akzeptor und Donator berühren [38].
Die Transferrate Γ ist exponentiell abhängig vom Abstand r zwischen
den Molekülen [51].

$$\Gamma_{\text{Dexter}} = \hbar P^2 J \cdot \exp\left(-\frac{2r}{L}\right) \tag{2.6}$$

P und L sind hierbei nicht leicht zu bestimmende Konstanten, wie
in [37] detailliert dargelegt wird. J ist die Überlappung der Wellenfunktionen zwischen benachbarten Molekülen.

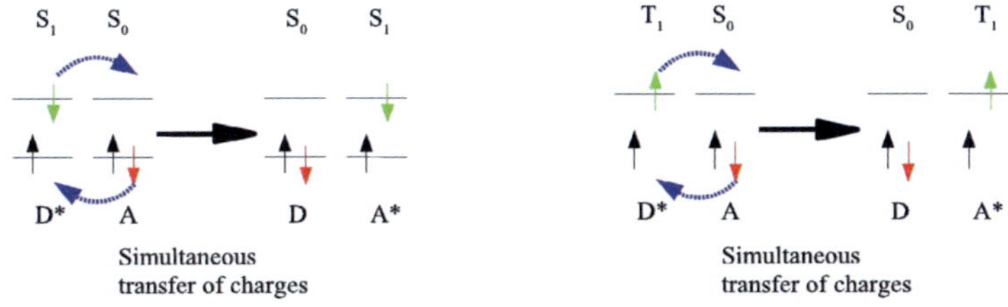

Bild 2.10.: Energieübergänge zwischen unterschiedlichen Molekülen. Neben dem Übergang zwischen Singuletts sind die Übergänge zwischen Tripletts ebenfalls erlaubt. Durch die Abgabe der Energie wird der angeregte Donor (D*) auf seinen Grundzustand (D) relaxieren und der Akzeptor vom Grundzustand (A) auf den Zustand (A*) angeregt.

2.1.5. Dotierung organischer Halbleiter

Die Dotierung organischer Halbleiter wird hauptsächlich zur Erhöhung der Ladungsträgerdichte bzw. zur Erhöhung der Leitfähigkeit durchgeführt. Außerdem wird sie auch für die Anpassung der Fermi-Niveaus verwendet. Die Dotierung organischer Halbleiter funktioniert durch das Einbringen starker Elektronendonatoren oder -akzeptoren. Beim Einbringen eines starken Akzeptors gehen die Elektronen vom Host zum Akzeptor über. Dadurch entstehen in den Host-Molekülen viele Löcher und die Schicht wird dotiert. Beim Einbringen eines Donators passiert alles umgekehrt. Die Elektronen vom Donator werden zum Host übertragen und die Schicht damit dotiert. Konkreter werden die Dotierungsverfahren folgendermaßen beschrieben.

MTDATA: F_4TCNQ

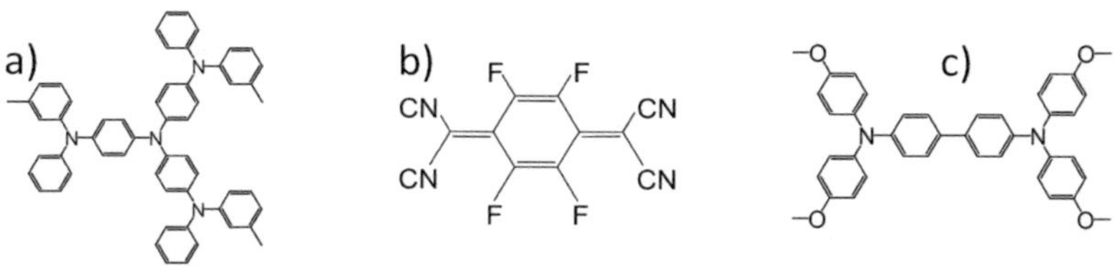

Bild 2.11.: Der starke Akzeptor F4TCNQ (b) wird häufig mit den beiden Host-Materialien MTDATA (a) oder Meo-TPD (c) verwendet.

Die Dotierung basierend auf der starken Akzeptor-Familie 7,7,8,8-Tetracyanoquinodimethane (TCNQ) wurde in der letzten Zeit intensiv erforscht. [11, 72, 152, 173, 193]. In dieser Molekülfamilie wird das Tetrafluoro-tetracyano-Quinodimethan (F_4TCNQ) wegen seiner starken Akzeptor-Eigenschaft am häufigsten verwendet [23]. Durch eine exakte Kontrolle der Aufdampfrate kann die Dotierung unter Hochvakuumbedingungen realisiert werden. Diese Dotierung funktioniert nur gut, wenn das HOMO des Hosts energetisch höher als das LUMO des F_4TCNQ liegt. Damit können die Elektronen vom Host in den günstigeren Energiezustand im Akzeptor F_4TCNQ übergehen. In Folge der Abwanderung eines Elektrons, entsteht an der verlassenen Stelle ein Loch. 4, 4', 4''-Tris(N-3-methylphenyl-N-phenylamino)-Triphenylamine (MTDATA) ist ein Lochtransportmaterial mit einem

HOMO von 5,1 eV. Dieses Energieniveau liegt höher als das LUMO von F_4TCNQ (5,24 eV). Die Elektronen in MTDATA-Molekülen können nun zum günstigeren Energiezustand von F_4TCNQ übertragen werden. Die Löcherdichte in MTDATA wird somit erhöht und die Austrittsarbeit verschiebt sich näher zum HOMO von MTDATA. Die Schicht ist damit p-dotiert. Typische Dotierungskonzentrationen liegen zwischen 0,5 mol. % und 2 mol. %.

Dotierung mit Alkalimetallen

Die n-Dotierung einer Schicht ist nicht trivial. Der Dotierungs-Mechanismus wie bei MTDATA:F_4TCNQ kann dabei nicht angewandt werden. Dies liegt daran, dass es noch keine Donatoren gibt, die sowohl hohe HOMO- als auch LUMO-Energie aufweisen und trotzdem stabil sind. Je höher das HOMO oder LUMO bzw. kleiner der energetische Abstand vom HOMO und LUMO zum Vakuum-Niveau ist, desto reaktiver ist das Material. Eine Möglichkeit besteht darin, dass die Ladungstransportmaterialien mit Alkalimetallen dotiert werden. Alkalimetalle haben sehr hohe Fermi-Niveaus sowie viele freie Elektronen. Die Elektronen vom Metall können auf das tiefere LUMO des Hosts übergehen. Die Schicht wird dadurch dotiert. In der technischen Umsetzung gestaltet sich dies jedoch schwierig, da bei geringem Kontakt mit Sauerstoff die Alkalimetalle sofort oxidieren. Da die Alkalimetalle auch mit Stickstoff reagieren, bietet eine Stickstoffatmosphäre ebenfalls keinen ausreichenden Schutz. Außerdem können Alkalimetalle weit in die organischen Schichten diffundieren und die Funktion des Bauelements beeinträchtigen.

Dotierung mit kationischen Farbstoffen

Um die Produktionskosten zu reduzieren, sollten die Schichten mit schnellen und einfachen Prozessen hergestellt werden. Die Dotierung mit kationischen Farbstoffen wird häufig gewählt, da sie stabiler sind. Der Trick ist, dass man kationische Farbstoffe verwendet (siehe Abbildung 2.12), die eine reversible Oxidationseigenschaft besitzen. Der Ladungstransport findet zwischen dem LUMO der Farbstoffe und dem LUMO der Ladungstransportmaterialien statt. Die Farbstoffe müssen kein hohes HOMO haben, um die Ladungsträger vom HOMO des Donors direkt zum LUMO des Akzeptors übertragen zu können. Elektronen werden zuerst durch die Absorption eines Photons vom HOMO aufs LUMO innerhalb des Farbstoffes angeregt. Von hieraus können sie zum LUMO des Ladungstransportmaterials übertragen werden.

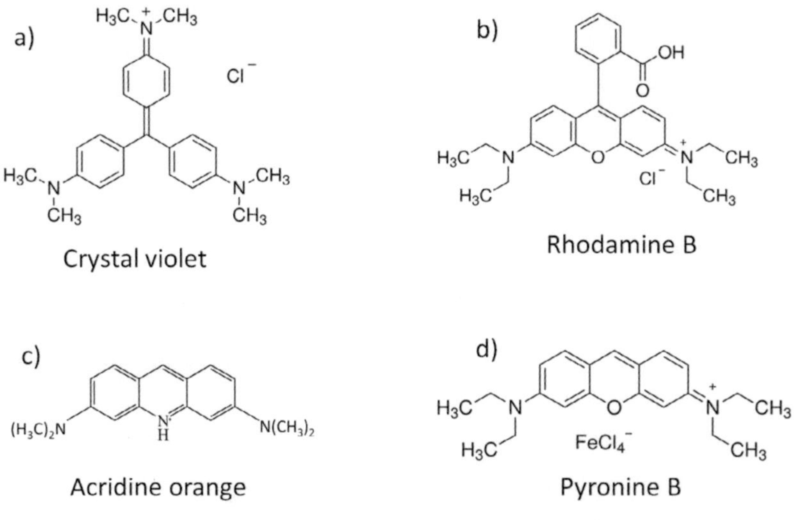

a) Crystal violet

b) Rhodamine B

c) Acridine orange

d) Pyronine B

Bild 2.12.: Kationische Farbstoffe werden häufig für die Dotierung organischer Halbleiter verwendet. Unter diesen sind Crystal Violet (CV) (a), Rhodamine B (Rh.B) (b), Acridine Orange (AO) (c) und Pyronine B (Py.B) (d) bekannt [157].

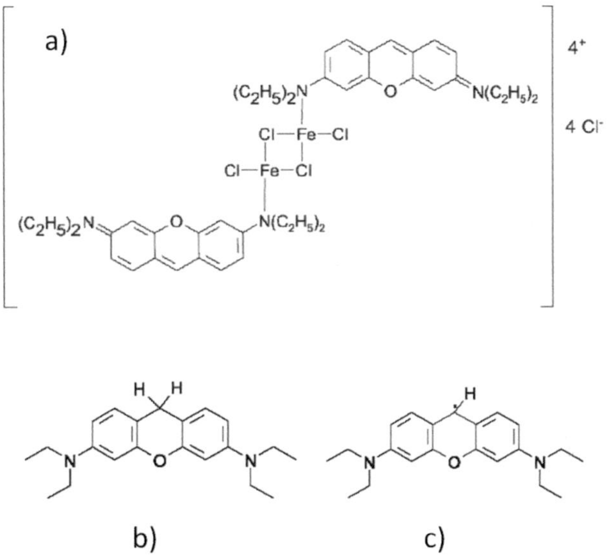

Bild 2.13.: Chemische Struktur des Farbstoff-Moleküls (a) von Pyronin B Chloride, (b) in einem Leucobase, (c) neutral radikales Pyronine B [20].

Die erforderliche Technik um die Dotierung im Vakuum durchzuführen wird im Folgenden erläutert. Beim Verdampfen wird der radikale Farbstoff in eine Leucobase umgewandelt [107, 177]. Dieser Prozess entspricht der Umwandlung des Pyronin B Farbstoffes von (a) in (b), gezeigt in Abbildung 2.13 [20, 105]. Man kann an dieser Stelle direkt den Leucobase-Farbstoff benutzen. Mit Hilfe der Absorption von Licht werden Elektronen direkt ins LUMO des Leucobase-Farbstoffes angeregt. Von dort relaxieren sie weiter zum tieferen LUMO des Ladungstransportmaterials. Nun ist es entscheidend, ob die Elektronen weiter im LUMO des Hosts verbleiben oder mit dem verbliebenen Loch im HOMO des Farbstoffes rekombinieren. Im Falle einer Rekombination bleiben die Elektronen ungenutzt. Interessant ist, dass die Oxidation des Leucobase-Farbstoffes äußert schnell stattfindet.

Durch die Oxidation in Form einer Abgabe eines H^+-Ions wird der Leucobase-Farbstoff in ein neutrales, radikales Pyronin B umgewandelt [130, 178], Abbildung 2.13c. Es entstehen dadurch keine freien Löcher im HOMO mehr. Elektronen können daher nicht mehr mit den freien Löchern des Dotanden rekombinieren. Aus diesem Grund verbleiben die Elektronen im LUMO des Ladungstransportmaterials und die Schicht ist damit dotiert.

2.2. Effekte an Grenzflächen

Die Effekte an den Grenzflächen zwischen den Schichten spielen bei organischen Bauelementen eine entscheidende Rolle. Wenn Metalle auf organische Schichten aufgedampft werden, kommen verschiedene Effekte zum tragen je nachdem, ob die organische Schicht dotiert oder undotiert ist. Ebenso kommt es darauf an, welches Metall aufgedampft wird [14, 73, 75, 76]. Verschiedene Effekte können zu einem ähnlichen Ergebnis führen, wie z. B. Dipol-Effekte sowie Schottky-Effekte. Letztendlich werden die Effekte an der Grenzfläche genutzt, um die Übergangsverluste zwischen Elektrode und organischer Schicht zu minimieren. Die OLEDs verbrauchen dadurch bei gleicher optischer Ausgangsleistung eine geringere elektrische Eingangsleistung. Bei unangepassten Energieniveaus entsteht an der Grenze zwischen Metallen und organischen Schichten eine Potenzialbarriere. Durch gezielte Anpassungen der Energieniveaus von Grenzschichten können Barrieren minimiert und somit die Einsatzspannung gesenkt werden. Somit können die OLEDs mit einer kleinen Batterie betrieben werden. Bei den OPVs kann ebenfalls durch Reduzierung der Potenzialbarriere eine bessere Extraktion der Ladungsträger erreicht werden.

Schottky-Kontakt (Metall-Halbleiter-Kontakt)

Wird ein Metall in Kontakt mit einem Halbleiter mit unterschiedlichen Fermi-Niveaus gebracht, fließen die Elektronen aufgrund eines Ladungsträgerdichte-Gradienten von einem Material zum Anderen. Dieser Elektronen-Fluss kommt zum erliegen, sobald die Fermi-Niveaus an beiden Grenzflächen gleich sind. Das Fermi-Niveau entspricht beim Metall der Austrittsarbeit. Die Austrittsarbeit eines Metalls ist die benötigte Arbeit, um die Elektronen aus dem Fermi-Niveau des Festkörpers ins Vakuum zu bringen. Je niedriger die Austrittsarbeit ist, desto reaktiver ist das Metall. Durch das Ausgleichen der Fermi-Niveaus verbiegen sich die Bänder (HOMO, LUMO) des Halbleiters. Die Form der Verbiegung hängt stark von der Dotierung des Halbleiters ab, sowie auch von der Höhe der Austrittsarbeit des Metalls, Abbildung 2.14. Im Falle der Kontaktierung zwischen einer schwachen n-Dotierung und einem Metall mit hoher Austrittsarbeit (siehe Abbildung 2.14a) entsteht eine große Potenzialbarriere für die Elektronen. Um die Elektronen aus dem Metall in den Halbleiter injizieren zu können, muss eine hohe Spannung angelegt werden. Umgekehrt werden die Elektronen viel Energie verlieren, wenn sie den Halbleiter verlassen. Dieser Verlust kann minimiert werden, indem ein Metall mit einer kleineren Austrittsarbeit gewählt wird, (siehe Abbildung 2.14b), oder wenn der Halbleiter stärker dotiert wird, Abbildung 2.14c. Wird ein anderes Metall mit geringerer Austrittsarbeit gewählt, wie in der Abbildung 2.14b, fließen die freien Elektronen aus dem Metall zum Halbleiter. Dies führt dazu, dass die Elektronendichte im Halbleiter an der Grenzfläche höher ist als die Dichte im Materialinneren. Aus diesem Grund verschiebt sich das Fermi-Niveau näher in Richtung des LUMOs, und daraus folgt ein kleinerer Abstand zwischen der Austrittsarbeit des Metalls und dem LUMO des Halbleiters. Der kleinere Abstand bzw. eine kleinere Barriere für

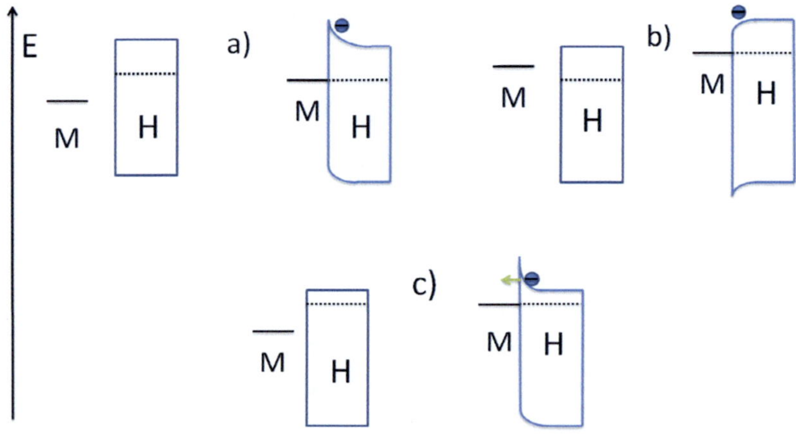

Bild 2.14.: Der Bandverlauf zwischen dem Metall (M) und dem Halbleiter (H) wird von der Austrittsarbeit des Metalls und der Dotierung des Halbleiters bestimmt. Die gestrichelten Linien stellen das Fermi-Niveau des Halbleiters dar. Links sind die Zustände des einzelnen Materials vor der Kontaktierung, rechts das Resultat nach der Kontaktierung.

die Elektronen kann auch durch die Dotierungsstärke des Halbleiters erzielt werden. Wird das gleiche Metall wie in der Abbildung 2.14a mit einem stärker dotierten Halbleiter in Kontakt gebracht (siehe Abbildung 2.14c), so entsteht ein Elektronenstrom aus dem Halbleiter zum Metall, weil das Metall sehr viele freie Zustände bietet und die Elektronen im Halbleiter ein höheres Potenzial besitzen, diffundieren die Elektronen ins Metall. Dies führt zu einer Verschiebung des Fermi-Niveaus an der Grenzfläche des Halbleiters hin zur Mitte der Bandlücke. Durch die starke Verbiegung des LUMOs nahe an der Grenze zum Metall können die Elektronen durch die schmale Barriere tunneln (siehe Abbildung 2.14c). Die potentielle Metall-Halbleiter Barriere ist damit viel geringer. Das gleiche Prinzip kann auch für die Extraktion von Löchern mit einer p-Dotierung angewendet werden.

Dipol-Effekt

Ein Dipol-Effekt kann durch das Einbringen einer dünnen Dipol-Schicht verursacht werden, bzw. entsteht zwischen metallischen und organischen Schichten. Außerdem kann durch Aufdampfen von verschiedenen Materialien an der Oberfläche eine Dipol-Schicht erzeugt werden [76]. Wenn die Schichten aus zwei unterschiedlichen Materialien zusammen gebracht werden, kommt es zu verschiedenen Effekten an der Grenzfläche. Die Moleküle und die Molekül-Orbitale ordnen sich aufgrund des Ladungsunterschieds an der Oberfläche neu an. Die Ladungsträgerdichten verschieben sich wegen der Potenzial-Differenz vom einen zum anderen Material [77]. Diese Effekte an der Grenze führen zu einer Verschiebung des Vakuum-Niveaus. Das Vakuum-Niveau ist die potentielle Energie eines Elektrons im Vakuum und wird als $VL(\infty)$ bezeichnet. Aufgrund der negativen Ladung an der Oberfläche eines Metalls wird das Vakuum-Niveau in der Nähe der Oberfläche $VL(s)$, im Gegensatz zu $VL(\infty)$ im Unendlichen, beeinflusst, Abbildung 2.15a. Dies verursacht eine Differenz der potentiellen Energie eines Elektrons in Abhängigkeit vom Abstand zum Metall. Die Bandverbiegung bzw. das Bandschema eines Übergangs wird deswegen anders dargestellt, wie zum Beispiel in Abbildung 2.15d.

Solche Dipoleffekte können auch gezielt eingesetzt werden, um die Potenzialbarriere am Metallkontakt zu reduzieren. Durch das Einbringen eines dünnen Isolators zwischen Elektrode und aktiver Schicht kann die Injektion der Ladungsträger verbessert werden [89, 106, 155, 165]. Dabei darf die Schichtdicke des Isolators nicht größer als die Tunnellänge der Ladungsträger sein. Für eine konstante angelegte Spannung kommt es zu einem Spannungsabfall an der Isolator-Schicht und dadurch wird die Energiedifferenz zwischen Elektrode und aktiver Schicht reduziert, Abbildung 2.16.

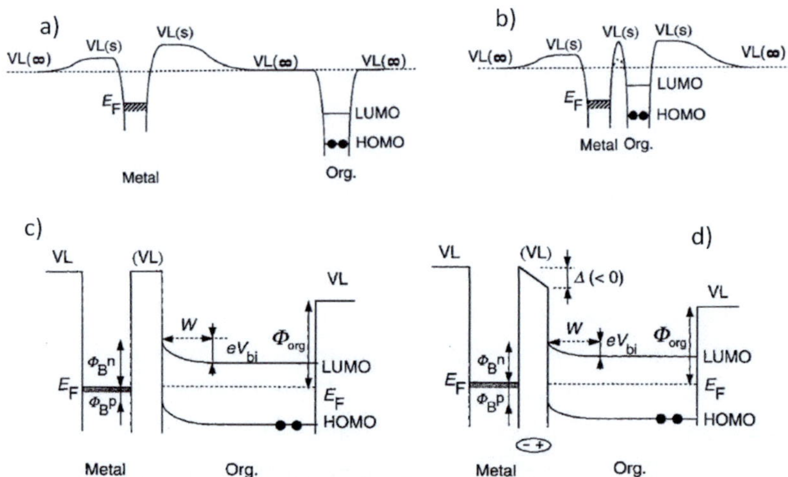

Bild 2.15.: Das klassische Modell wird um die Einflüsse des Dipol-Effekts erweitert. Die Energieschemata des Metalls und der organischen Schicht in weitem Abstand (a) und im Kontakt (b). Die Potenzial-Differenz zwischen den Schichten ist unter dem Einfluss des Dipol-Effekts für gewöhnlich geringer (d) als beim klassischen Modell (c) [76].

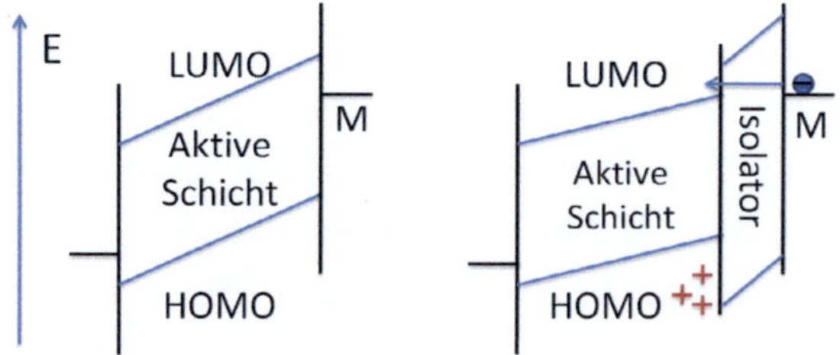

Bild 2.16.: Der effektive Abstand zwischen LUMO der organischen Schicht und der Austrittsarbeit des Metalls wird durch das Einbringen einer dielektrischen Schicht verringert.

2.3. Organische LEDs

2.3.1. Fluoreszenz und Phosphoreszenz

Durch unterschiedliche Anregungsprozesse können Elektronen in energetisch höhere Zustände gebracht werden. Aus den energetisch höher liegenden Zuständen S_2, T_2 und T_3 relaxieren sie durch nichtstrahlende Prozesse zuerst auf die tiefsten angeregten Zustände S_1 und T_1, Abbildung 2.17. Die Energien S_i und T_i beschreiben die Singulett- und Triplett-Zustände. Die Rekombination aus dem Singulett-Zustand S_1 führt zur Emission eines Photons und wird als Fluoreszenz bezeichnet, wobei die Spins der Elektronen antiparallel seinen müssen. Dieser Vorgang findet sehr schnell statt, normalerweise in weniger als $10^{-9}\,$s. Ein typisches Beispiel für die fluoreszierenden Emitter ist SuperYellow, Abbildung 2.6b. Bei OLEDs werden die Ladungsträger aus den Elektroden injiziert. Die Spin-Theorie besagt jedoch, dass nur 1/4 der Exzitonen mit Gesamtspin Null erzeugt werden. Das heißt, dass die fluoreszierenden Emitter nur eine geringe Current Efficiency liefern können.

Im Gegensatz zur Fluoreszenz kann bei der Phosphoreszenz auch die Triplett-Emission stattfinden. Die Phosphoreszenz erfolgt aus der Rekombination aus dem tiefsten Triplett-Zustand T_1. Die Besetzung der Triplettzustände kann durch die Injektion von Ladungsträgern entstehen. Zusätzlich können Moleküle durch sogenanntes Intersystem-Crossing vom Singulett- in den Triplettzustand übergehen. Die Triplett-Zustände und die zugehörigen Spins wurden bereits im Kapitel 2.1.2 erwähnt. Da aufgrund des Pauliprinzips der Übergang aus dem Triplettzustand verboten ist, wird meistens ein schweres Metall in das Farbstoffmolekül eingebaut. Somit wird durch die im Folgenden erläuterte Spin-Bahn-Kopplung die strahlende Rekombination der Triplettexzitonen ermöglicht. Jedes Elektron besitzt

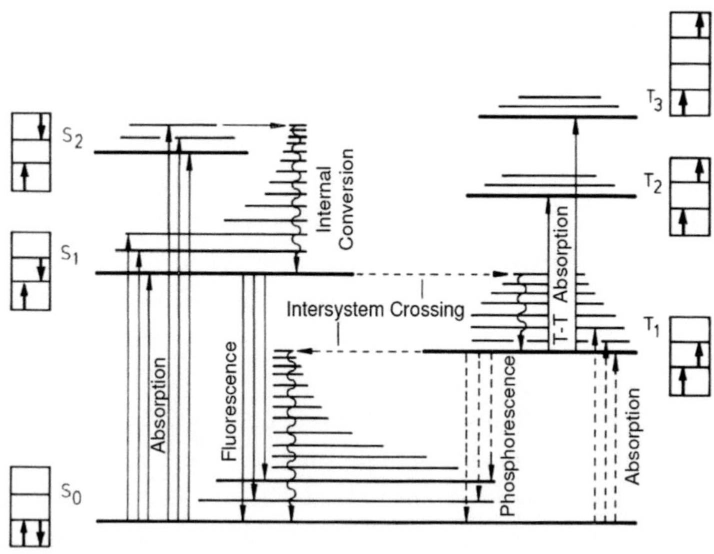

Bild 2.17.: Das Jablonski-Diagramm beschreibt die photophysikalischen Übergänge in Molekülen. Die Änderungen zwischen Energiezuständen erfolgen durch die Internal Conversion (IC) oder das Intersystem Crossing (ISC). Die Relaxation innerhalb eines aufgespalten Zustands (S_i oder T_i) wird durch die Rotation oder Translation ermöglicht [104].

einen Spin und damit ein magnetisches Moment. Dieses Moment koppelt mit dem magnetischen Feld des Kerns zu einem Spindrehimpuls S. Ebenso führen die Elektronen eine kreisförmige Bewegung um den Kern aus. Dies wird durch den Bahndrehimpuls L beschrieben. Die Wechselwirkung zwischen dem Spin- und dem Bahndrehimpuls wird als Spin-Bahn-Kopplung (SBK) bezeichnet. Die Stärke der Wechselwirkung wird durch den Gesamtdrehimpuls J dargestellt. Er ist die Summe aus dem Spin S und dem Bahndrehimpuls L. Für das i-te Elektron gilt es

$$J_i = L_i + S_i \,, \tag{2.7}$$

wobei der Bahndrehimpuls L für die Elektronen im s-Orbital immer gleich Null ist. Für Atome mit kleiner Kernladungszahl, bzw. wenigen Elektronen, ist J als Summe über viele J_i klein. Die Spin-Bahn-Kopplung ist deswegen vergleichsweise schwach. Für die Atome mit großer Kernladungszahl, bzw. mit vielen Elektronen, werden die einzelnen Beiträge J_i sowie die Summe über J_i zunehmend größer. Die daraus resultierende Spin-Bahn-Kopplung ermöglicht nun die Spin-Umkehr, und damit die Triplett-Emission. Je stärker die Spin-Bahn-Kopplung ist, desto wahrscheinlicher wird die Triplett-Emission sowie der Übergang zwischen Singulett und Triplett (Intersystem-Crossing).

2.3.2. Quenching-Prozesse

Als Quenching versteht man die nichtstrahlende Rekombination der Exzitonen im Bauelement. Bei den phosphoreszierenden Emittern haben die Triplettzustände eine vergleichweiser lange Lebensdauer. Die Gefahr für die nichtstrahlende Rekombination bzw. die Umwandlung der Energie in Wärme ist deswegen erhöht. Allerdings gehen durch phononische Relaxationsprozesse angeregte Triplettzustände innerhalb kürzester Zeit in den tiefsten Triplettzustand (T_0) über. Das Quenching kann ebenfalls bei fluoreszierenden Emittern stattfinden, wenn die Bauelement-Architektur nicht optimal ist. Abbildung 2.18 beschreibt die wichtigsten Quenching-Prozesse.

Singulett Quenching

Die Singulett-Singulett-Annihilation (SSA) beschreibt das Quenching der Singulett-Exzitonen wenn diese zusammenstoßen. Dabei wird die Energie eines Exzitons an ein anderes Exziton abgegeben. Als Resul-

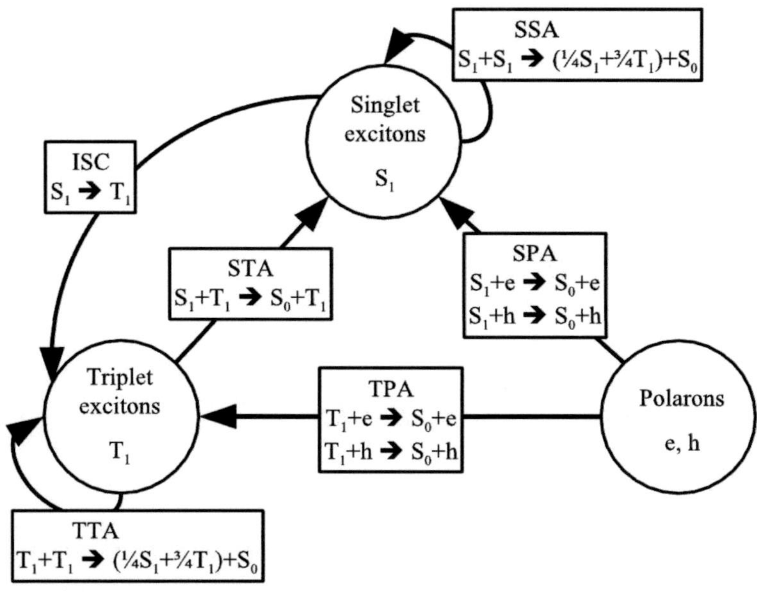

Bild 2.18.: Quenchingsprozesse können zu dem Verlust bzw. Dunkelstrom
der OLEDs beitragen und dadurch die Effizienz absenken [51].

tat wird ein Exziton vernichtet, während das andere Exziton in einen
höher angeregten Zustand übergeht.

$$S_1 + S_1 \rightarrow S_0 + S_1 \qquad \text{oder} \qquad S_1 + S_1 \rightarrow S_0 + T_1 \qquad (2.8)$$

Die Singuletts können ebenfalls mit einem Triplett oder mit einem
Polaron zusammenstoßen. Dabei wird jeder Ladungsträger (Elektronen e, Löcher h), der sich in einem Abstand zu einem Exziton befindet
und trotzdem mit diesem wechselwirkt, als Polaron bezeichnet. Das
Singulett-Polaron-Quenching (SPA) geschieht häufig an der Grenze
zur Elektrode, wo die Dichte der Polaronen (e, h) sehr hoch ist.

$$S_1 + e \rightarrow S_0 + e \qquad \text{oder} \qquad S_1 + h \rightarrow S_0 + h \qquad (2.9)$$

Triplett Quenching

Das Quenching der Tripletts ist prinzipiell ähnlich wie das Quenching der Singuletts. Die lange Lebensdauer der Tripletts erhöht allerdings die Wahrscheinlichkeit für nichtstrahlende Rekombinationen.

$$T_1 + e \rightarrow T_0 + e \tag{2.10}$$

$$T_1 + T_1 \rightarrow S_0 + T_1 \qquad \text{oder} \qquad T_1 + T_1 \rightarrow S_0 + S_1 \tag{2.11}$$

Singulett-Triplett Quenching

Ebenso können Exzitonen aus einem Singulettzustand mit einem Exziton aus einem Triplettzustand annihilieren. In OLEDs ist die Dichte der Tripletts deutlich höher. In diesem Fall wird die Energie des Singuletts auf das Triplett übertragen. Das Triplett geht in höhere Triplett-Niveaus über.

$$S_1 + T_1 \nrightarrow S_0 + T_1 \tag{2.12}$$

Quenching an Elektroden

Wie in Kapitel 2.2 erwähnt, gibt es an der Grenzfläche zwischen organischen und metallischen Schichten viele Effekte, die die Eigenschaften von OLEDs beeinflussen. Dies führt zu weiteren Quenching-Verlusten, welche in der Nähe der Elektrode stattfinden.

2.3.3. Streuung des Lichts

Man kann die Streuung des Lichts als eine Art Ablenkung verstehen. Sie passiert, wenn ein Photon mit einer Grenzfläche wechselwirkt. Diese Wechselwirkung hängt von der Eigenschaft der Grenzfläche und dem Einfallswinkel ab. Photonen werden in der Emissionsschicht von OLEDs erzeugt und in alle Richtungen abgestrahlt. Der Aufbau von

OLEDs besteht aus vielen dünnen Schichten mit unterschiedlichen Brechungsindizes. Da diese als Wellenleiter betrachtet werden können, kann nur ein geringer Anteil (ca. 20 %) des Lichts aus der Emissionsschicht ausgekoppelt werden. Grund dafür ist die Reflexion an den Grenzflächen. Betrachtet man einen Lichtstrahl, der mit Wellenvektor k_0 und einer bestimmten Intensität unter dem Winkel Φ auf die Fläche zwischen Medium 1 und Medium 2 trifft, so wird ein Teil des Strahls reflektiert, mit Wellenvektor k_2, und der andere Teil transmittiert k_1, Abbildung 2.19. Die Intensitäten der jeweiligen Strahlen werden durch die Fresnelschen Formeln beschrieben. Während der Ausfallwinkel des reflektierten k_2 Strahls gleich dem Einfallswinkel ist, verändert sich die Richtung des transmittierten Strahls k_1 aufgrund des Unterschieds des Brechungsindexes n_1 - n_2. Die Richtungsänderung des transmittierten Strahls k_1 wird durch das Snelliussche Brechungsgesetz beschrieben. Wenn der ursprüngliche Strahl unter dem Winkel $\theta > \theta_T$ einfällt, kommt es zur Totalreflexion.

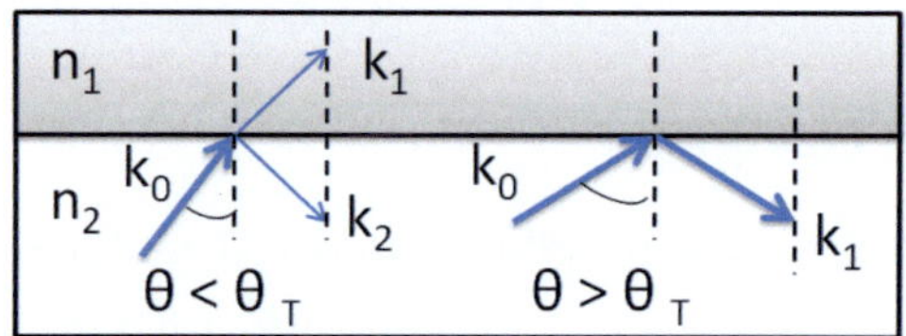

Bild 2.19.: Das Licht dringt entweder in das Medium 1 ein oder verbleibt durch Totalreflexion im Medium 2. Die Intensitäten der Teilstrahlen werden nach den Fresnelschen Formeln berechnet.

Natürlich sollte das emittierte Licht in der Emissionsschicht einer OLED nach außen weitergeleitet werden. Durch eine gezielte oder zufällige Änderung der Beschaffenheit der Grenzfläche kann der Einfallswinkel θ beeinflusst werden. Eine positive Beeinflussung führt dazu, dass mehr Licht unter dem Winkel $\theta < \theta_T$ auf die Grenzfläche fällt und nach außen geführt werden kann.

2.3.4. Aufbau der OLEDs

Der prinzipielle Aufbau einer OLED wird im Folgenden beschrieben. Auf einem Substrat wird eine Emissionsschicht zwischen zwei Elektroden (Anode und Kathode) aufgebracht. Damit das in der Emissionsschicht erzeugte Licht das Bauelement verlassen kann, muss mindestens eine der beiden Elektroden transparent ausgeführt sein. Typischerweise wird Indium-Tin-Oxide (ITO) als transparente Anode benutzt. ITO ist ein Metall-Oxid mit einer guten Transmission im sichtbaren Wellenlängen-Bereich. Seine Leitfähigkeit und Transparenz ist jedoch stark vom jeweiligen Herstellungs-Verfahren abhängig. ITO besitzt je nach Behandlung eine Austrittsarbeit von 4,8 eV bis 5,0 eV [62, 96, 133, 180], die in der Nähe des HOMO-Niveaus vieler organischer Materialien liegt. ITO eignet sich daher sehr gut für die Injektion von Löchern in organische Schichten. Die mit ITO besputterten Glassubstrate werden gereinigt, bevor eine Emissionsschicht aufgebracht wird. Diese kann durch Vakuumtechnik aufgedampft oder in der Flüssigform aufgebracht werden. Zuletzt kommt die Kathode aus Metall. Sie wird durch thermisches Aufdampfen abgeschieden. Die Elektroden müssen passende Austrittsarbeiten besitzen, damit die Ladungsträger möglichst verlustfrei in die Emissionsschicht injiziert werden können. Durch das Anlegen eines elektrischen Feldes wandern die Elektronen und Löcher in entgegengesetzte Richtungen bis sie sich zu einem Exziton verbinden und nach einiger Zeit strahlend rekombinieren. Wie die Bildung des Exzitons und die Photolumineszenz funktioniert, wird in Kapitel 2.3.5 detailliert erläutert.

Die Effizienz einer OLED lässt sich durch das Einfügen weiterer funktionaler Schichten steigern. Damit die OLEDs effizient funktionieren, muss ein Ladungsträgergleichgewicht in der Emissionsschicht herrschen. Um zu verhindern, dass die Ladungsträger aneinander vorbei fließen und so zum Dunkelstrom beitragen, werden Blockschichten

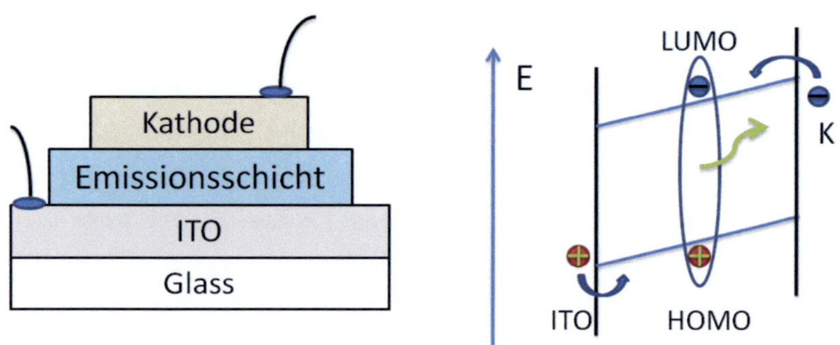

Bild 2.20.: Beispiel einer einfachen OLED-Architektur, bei der sich die Emissionsschicht zwischen zwei Elektroden befindet.

zwischen der Emissionsschicht und den Elektroden eingebaut. Um die Potenzialbarriere an den Elektroden zu minimieren, werden diese dotiert. Der Aufbau von OLEDs wird daher um einiges komplexer.

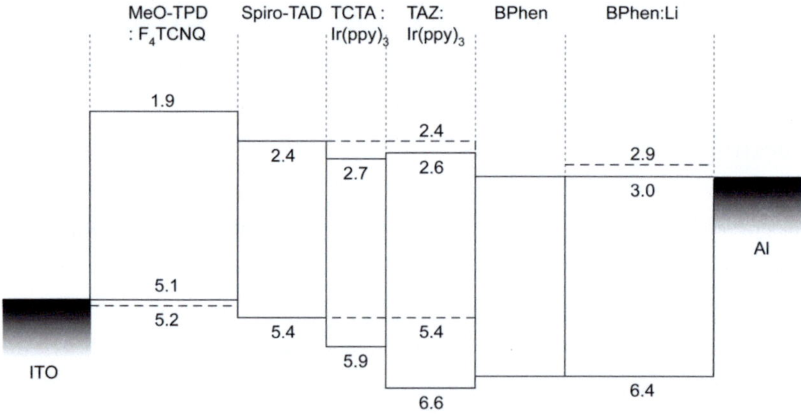

Bild 2.21.: Beispiel einer effizienten OLED basierend auf Vakuum-technik [29, 61].

2.3.5. Emissionsschicht

In der Emissionsschicht (EML) findet die Elektrolumineszenz statt. Um ein hohes Maß an Elektrolumineszenz zu ermöglichen, müssen die Eigenschaften der Emissionsschicht so gewählt werden, dass die Elektronen und Löcher möglichst lange in der Emissionsschicht verbleiben. Die injizierten Ladungsträger (Elektronen, Löcher) bilden vor der eigentlichen strahlenden Rekombination gebundene Zustände (Exzitonen). Je länger die Ladungsträger in der Emissionsschicht verbleiben, desto wahrscheinlicher ist die Bildung von Exzitonen und damit der strahlenden Rekombination. Die strahlende Rekombination eines Exzitons erfolgt in den Chromophor-Einheiten. Es gibt verschiedene Emitter-Materialien, die ähnliche Chromophor-Einheiten aufweisen, jedoch ansonsten unterschiedliche Eigenschaften besitzen. Dazu gehören z.B. Polymere wie SuperYellow [47, 93, 158, 189], Poly(9,9-dioctylfluorene-co-Benzothiadiazole) (F8BT) [71, 81, 192], oder das Homopolymer Poly(9,9-dioctylfluorene) (PFO) [85], die sich leicht als Emissionsschicht abscheiden lassen. Außerdem gibt es Farbstoffe, die nur in einem geeigneten Trägermaterial (Host) Photolumineszenz aufweisen [4, 16, 26, 50, 56, 65, 99, 114, 181]. Später werden die Guest/Host-Systeme detaillierter betrachtet. Die Polymere bzw. Hosts besitzen unterschiedliche Leitfähigkeiten für Elektronen und Löcher. Aus diesem Grund kommt es häufig vor, dass in der Emissionsschicht ein Ungleichgewicht von Ladungsträgern entsteht. Ein Überschuss der Elektronen oder der Löcher führt zu einem Dunkelstrom im Bauelement und dadurch zu einer geringeren Current Efficiency. Durch die Beachtung der folgenden Punkte kann der Verlust an Current Efficiency vermieden werden.

- **Guest/Host-Systeme**

  Aufgrund der Fortschritte in der Entwicklung von phosphoreszierenden Farbstoffen [6, 8, 10, 22, 24, 45, 65, 162, 168, 190], konnte die interne Quanteneffizienz in den letzten Jahren auf nahezu 100 % gesteigert werden. Die Farbstoffe, in denen die Photolumineszenz stattfindet, sind einem geeigneten Host-Material in einem geringen molekularen Verhältnis beigemischt.

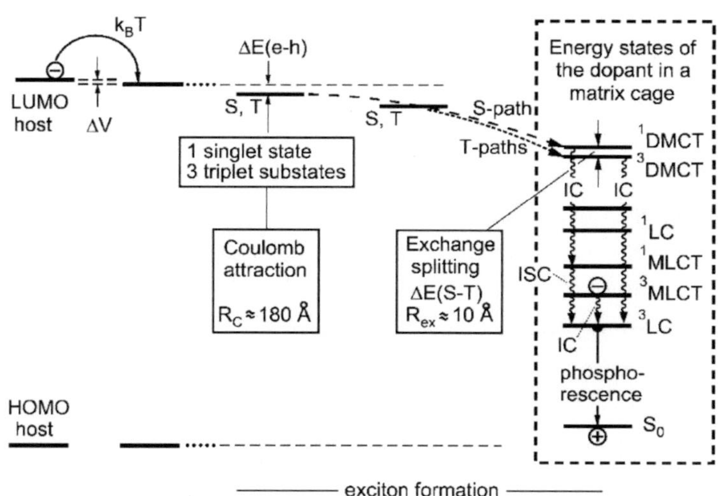

Bild 2.22.: Ein Loch und ein Elektron können aufgrund der großen coulombschen Kraft auch aus großer Entfernung ein Exziton bilden. Das Exziton bewegt sich weiter bis sich beide Ladungsträger im gleichen Molekül befinden, und dort nach innerer Umwandlung (IC) strahlend rekombinieren [188].

Das Modell in Abbildung 2.22 gilt für viele Guest/Host-Systeme, bei denen das HOMO des Guests niedriger als das HOMO des Hosts ist. Die Löcher in diesem System werden normalerweise im Farbstoff eingefangen. Wenn die Coulombsche Kraft zwischen dem Elektron und dem Loch größer als die thermische Energie $k_B T$ ist, können Elektron und Loch ein gebundenes System (Exziton) eingehen. Diese Kraft ist bei den organischen Materialien ausreichend groß, sobald der Abstand ca. 150 Å -

180 Å beträgt [188]. Bewegen sich Elektron und Loch weiter aufeinander zu, so nimmt der Überlapp der Wellenfunktionen stetig zu und die Wechselwirkung der Spins des Elektrons und Lochs spielt eine zunehmende Rolle. Dadurch spalten sich die Energie-Niveaus in Singulett ($DMCT^1$) und Triplett ($DMCT^3$) auf. Die Exzitonen relaxieren von dort durch die innere Umwandlung (IC) auf die günstigeren Niveaus des Guests, die als Ligand Center (LC) und als Metall-to-Ligand Charge Transfer (MLCT) bezeichnet werden. Im Falle eines Triplett-Emitters wird ein Singulett, aufgrund des starken Intersystem-Crossings, zu einem Triplett umgewandelt. Die Tripletts können dank einer starken Spin-Bahn-Kopplung Licht emittieren.

- Durch die Wahl eines Hosts, dessen Mobilitäten für Elektronen sowie Löcher gleich gut sind, kann die Ladungsträgerbalance verbessert werden. 4,4′-Bis(carbazol-9-yl)-biphenyl (CBP) ist ein gutes Beispiel für ein solches Host-Material [4, 113, 119, 170, 188].

- Eine bessere Ladungsträgerbalance kann auch durch Mischung zweier unterschiedlicher Hosts erreicht werden [25, 87, 185, 186]. Dabei besitzt das eine Host-Material eine hohe Elektronenmobilität während das andere eine hohe Löchermobilität aufweist.

- Bei der Vakuumtechnik werden sogenannte Doppelemissionsschichten aufgedampft [29, 60, 102, 142, 184, 194]. Dabei werden zwei Schichten eines Farbstoffes aufeinander beschichtet. Während in der ersten Schicht ein Überschuss an Elektronen vorliegt, gibt es in der zweiten Schicht einen Überschuss an Löchern. An der Grenze dieser beiden Schichten rekombinieren Elektronen mit Löchern besonders häufig.

2.3.6. Blockschichten

Für die Ladungsträgerbalance und die Minimierung eines Dunkelstroms sind die Blockschichten besonders wichtig. Sie sorgen dafür, dass die Elektronen sowie die Löcher in der Emissionsschicht bleiben und dort strahlend rekombinieren. Ohne diese Blockschichten könnten Elektronen als auch Löcher über die organischen Schichten die gegenüber-liegenden Elektroden erreichen und dort nichtstrahlend rekombinieren. Auch Exzitonen können sich unter gewissen Umständen sehr weit durch das Bauteil bewegen und an den Elektroden durch die bereits erwähnten Quenching-Prozesse, Kapitel 2.3.2, wie SSA, TTA, STA, SPA oder TPA vernichtet werden. Das Blocken der Elektronen kann durch das Einbringen einer Schicht aus einem Material mit höherem LUMO erreicht werden. Für das Blocken der Löcher wird dagegen ein Material mit tieferem HOMO verwendet.

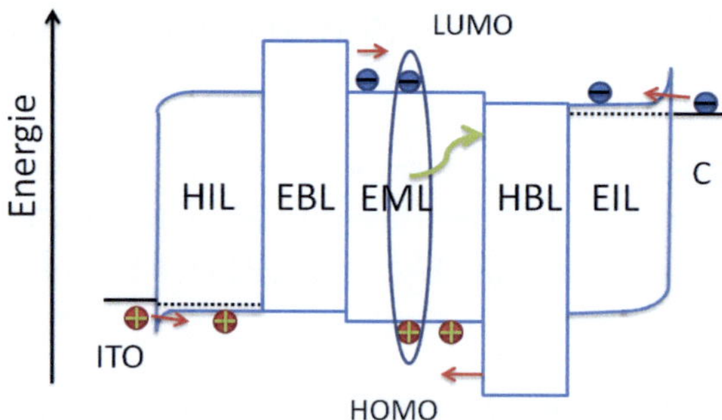

Bild 2.23.: Das höhere LUMO der Elektronen-Blockschicht (EBL) oder das tiefere HOMO der Löcher-Blockschicht (HBL) wirkt wie ein Spiegel für die Ladungsträger und hält dadurch die Ladungsträger in der Emissionsschicht. Dies führt zu einer Erhöhung der Current Efficiency.

Die in Abbildung 2.23 gezeigten Bandschemata funktionieren ausgezeichnet für die fluoreszierenden Emitter, bei denen nur die Singuletts zur Emission des Lichts beitragen. Für die phosphoreszierenden Emitter spielen die Tripletts die entscheidende Rolle. Es muss daher zusätzlich die Triplett-Energie der Materialien betrachtet werden. Wie im Kapitel 2.1.3 erklärt wird, haben die Triplettzustände meistens eine geringere Energie als die Singulettzustände. Als Folge der langen Lebensdauer der Tripletts erhöht sich die Wahrscheinlichkeit, dass die Tripletts an die Grenze der Blockschicht gelangen können. Dort können die Tripletts weiter in die Blockschicht eindringen, falls die Triplett-Energie des Block-Materials kleiner ist als die Triplett-Energie des Emitters [57, 100, 115, 135, 159, 162, 167], Abbildung 2.24 links.

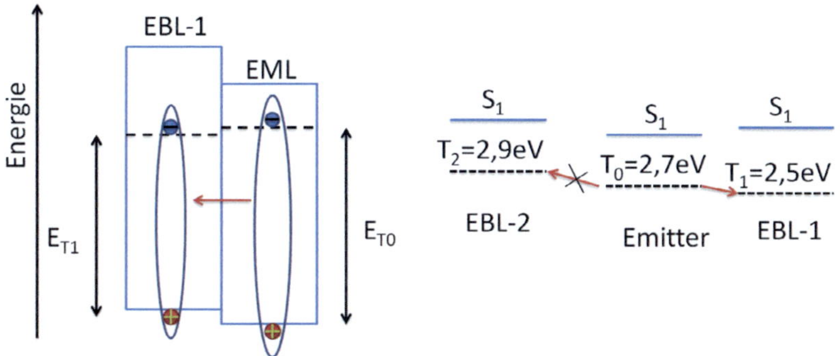

Bild 2.24.: Beispiel für das Triplett-Quenching. Links ist der Fall einer EBL-1 mit kleinerer Triplett-Energie gezeigt, rechts dagegen der Fall mit größerer Triplett-Energie $T_2 = 2,9\,\text{eV}$ von EBL-2.

Falls ein Emitter z. B. eine Triplett-Energie von $2,7\,\text{eV}$ besitzt, rechte Abbildung 2.24, besteht die Gefahr, dass die Triplettexzitonen auf die günstigeren Triplett-Niveaus des Blockmaterials (EBL-1) relaxieren. Die Wanderung der Triplett-Exzitonen kann durch die Wahl eines anderen Blockmaterials (EBL-2) mit höherer Triplett-Energie (z.B. $2,9\,\text{eV}$) vermieden werden.

2.3.7. Injektionsschichten

Für effiziente OLEDs sind ohmsche Kontakte zwischen Elektroden und organischen Schichten erwünscht. Eine häufig verwendete Methode, um einen ohmschen Kontakt zu bilden, ist das Einbringen einer Injektionsschicht.

Löcher-Injektionsschichten

Wie bereits in Kapitel 2.3.4 erwähnt wurde, kann die Emissionsschicht direkt auf die transparente Anode aus ITO abgeschieden werden. Durch das tiefer liegende HOMO [1] des Emittermaterials im Vergleich zur Austrittsarbeit von ITO, bildet sich eine Potenzialbarriere für die Löcher. Um eine verlustfreie Injektion der Löcher in die Emissionsschicht zu gewährleisten, wird eine Löcher-Injektionsschicht (engl. Hole Injection Layer, HIL) benötigt.

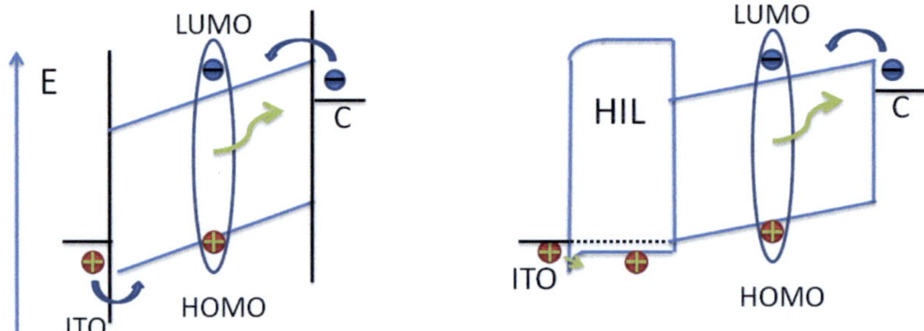

Bild 2.25.: Mit Hilfe der Löcher-Injektionsschicht (HIL), können die Löcher leichter in die Emissionsschicht eingebracht werden. Für die gleiche Helligkeit der OLEDs ist dann eine geringere Spannung notwendig.

---

[1] Alle gemessenen Fermi-Niveaus sowie die HOMO- und LUMO-Werte werden auf das Vakuum-Niveau ($V_{vak} = 0$) bezogen. Diese liegen immer unterhalb des Vakuum-Niveaus und sollten negativ dargestellt werden. In dieser Arbeit werden alle Werte ohne vorangestelltes Minuszeichen verwendet.

Eine Löcher-Injektionsschicht mit hoher Dotierung kann an der Grenze mit ITO einen Schottky- oder Tunnel-Kontakt bilden. Dabei sollte das HOMO der Löcher-Injektionsschicht an das HOMO der Emissionsschicht angepasst sein, damit es zu keinen Verlusten kommt.

Elektronen-Injektionsschichten

Identisch zur Injektionsschicht der Löcher wird eine Elektronen-Injektionsschicht benötigt, um die Elektronen möglichst verlustfrei in die Emissionsschicht einbringen zu können. Durch die Dotierung beider Injektionsschichten wird die Betriebsspannung stark reduziert. Auch der Dunkelstrom wird durch die Balance von Elektronen und Löchern deutlich gesenkt. Die sogenannte p-i-n-Architektur wird in der Literatur für hocheffiziente OLEDs häufig beschrieben [59, 83, 132, 173].

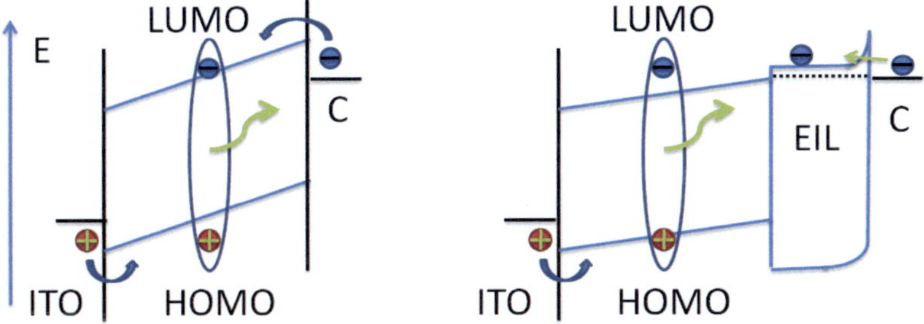

Bild 2.26.: Die Dotierung einer Elektronen-Injektionsschicht (EIL) ist besonders wichtig bei der Anwendung der OLEDs. Damit die Ladungsträger die hohe Potenzialbarriere zwischen der Kathode und der Emissionsschicht überwinden können, muss eine hohe Spannung angelegt werden. Durch das Einbringen einer Elektronen-Injektionsschicht wird die Potenzialbarriere verringert. Es muss deswegen eine kleinere Betriebsspannung angelegt werden.

2.3.8. Kenngrößen einer OLED

Die Augen der Menschen sind ein einzigartiger Lichtsensor, welcher die Umgebung anders als Tiere oder Geräte wahrnimmt. Dies liegt daran, dass unsere Augen eine eigene Hellempfindlichkeit haben. Die Wahrnehmung der Augen ist dabei von den Lichtverhältnissen abhängig. Bei Tagsehen mit ausreichender Helligkeit sind die Zapfen für die Wahrnehmung verantwortlich. Es gibt drei verschiedene Arten von Zapfen, die für blau, grün und rot unterschiedlich empfindlich sind. Die Empfindlichkeit ist das Produkt aller drei Farben. Im Gegensatz dazu kommen bei geringer Helligkeit die Stäbchen zum Einsatz. Diese haben eine andere Hellempfindlichkeit. Aus diesen Gründen gibt es unterschiedliche Empfindlichkeiten der Augen am Tag oder in der Nacht, Abbildung 2.27. Die Hellempfindlichkeit des Auges wird durch die $V(\lambda)$-Kurve widergespiegelt [128].

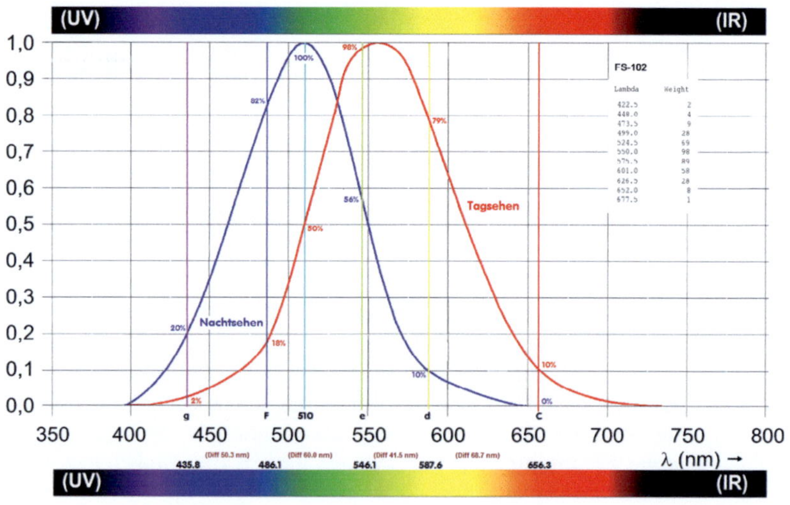

Bild 2.27.: Spektrale Empfindlichkeit des menschlichen Auges bei photopischem Sehen (Tagsehen rote Kurve) und bei skotopischem Sehen (Nachtsehen blaue Kurve) [49].

- **Lichtstrom**

  Als Lichtstrom Φ bezeichnet man das in allen Raumwinkeln ausgesendete Licht aus einer Quelle. Dabei wird die Strahlungsleistung mit der $V(\lambda)$-Kurve gewichtet.

  $$\Phi = K_m \int_{\lambda_1}^{\lambda_2} \Phi_{e\lambda}(\lambda) V(\lambda) \, d\lambda \qquad (2.13)$$

  wobei $K_m = 683 \, \mathrm{lm/W}$ und $\lambda_1 = 380 \, \mathrm{nm}$ bzw. $\lambda_2 = 780 \, \mathrm{nm}$ Anfang und Ende des sichtbaren Bereiches sind. Die Einheit des Lichtstroms ist Lumen (lm).

- **Lichtstärke**

  Die Lichtstärke I ist ein Teil des Lichtstroms. Sie beschreibt den emittierten Teil des Lichtstroms innerhalb eines Raumwinkels Ω.

  $$I = \frac{d\Phi}{d\Omega} \qquad (2.14)$$

  Die Lichtstärke ist unabhängig von der Entfernung des Betrachters. Die Einheit für die Lichtstärke ist Candela (cd).

- **Leuchtdichte**

  Die Leuchtdichte L (engl. Luminance) wird als Lichtstärke I pro Fläche A definiert. Sie kann direkt mit dem Lichtstrom verknüpft werden. Die Leuchtdichte besagt, wie hell diese Fläche dem Betrachter erscheint. Dies ist unabhängig davon, ob die Fläche bestrahlt wird oder selbst leuchtet.

  $$L = \frac{dI}{dA} = \frac{d^2\Phi}{d\Omega \, dA} \qquad (2.15)$$

Die Einheit für Leuchtdichte L ist Candela pro Quadratmeter (cd/m^2).

- **Lichtausbeute**

  Damit die Qualität der OLEDs bewertet werden kann, wird die Lichtausbeute η (engl. power Efficiency) zur Auswertung verwendet. Sie ist ein Maß dafür, wie gut eine OLED eine aufgenommene elektrische Leistung P in einen Lichtstrom Φ umwandeln kann.

$$\eta = \frac{\Phi}{P} \tag{2.16}$$

  Ihre Einheit wird in Lumen pro Watt (lm/W) definiert.

- **Stromeffizienz**

  Die Stromeffizienz η_{cur} (engl. Current Efficiency) wird als Lichtstärke I pro aufgenommenem Strom I_e definiert. Sie ist ein sehr wichtiges Maß zur Auswertung und gibt an, wie effektiv die eingespeisten Ladungsträger Licht erzeugen.

$$\eta_{\text{cur}} = \frac{I}{I_e} \tag{2.17}$$

  Ihre Einheit wird in Candela pro Ampère (cd/A) angegeben.

2.4. Organische Solarzellen

Im Abschnitt 2.1.2 haben wir die Bindungsenergie sogenannter Frenkel-Exzitonen kennen gelernt. Wegen der starken Bindung dieser Elektron-Loch-Paare ist ein anderer Aufbau und ein neues Herangehen im Vergleich zur konventionellen Photovoltaik notwendig. In anorganischen Solarzellen dissoziieren die Exzitonen bereits thermisch. Die freien Ladungsträger werden am pn-Übergang getrennt und diffundieren dann zu den Elektroden. In organischen Solarzellen werden die Exzitonen aufgrund der hohen Bindungsenergie nicht durch die thermische Energie dissoziiert. Aus diesem Grund diffundieren die erzeugten Exzitonen im Absorber, bis sie eine Grenzfläche erreichen, an der sie dissoziieren können. Die Diffusion der Exzitonen im Absorber spielt eine große Rolle. Falls die Exzitonen zu weit entfernt von der Grenze erzeugt werden, können sie die Grenzfläche aufgrund ihrer begrenzten Diffusionslänge bzw. Exziton-Lebensdauer nicht erreichen und rekombinieren. Damit alle erzeugte Exzitonen dissoziieren bzw. genutzt werden, wird eine entsprechende Architektur für den Aufbau einer organischen Solarzelle benötigt.

2.4.1. Funktionsprinzip

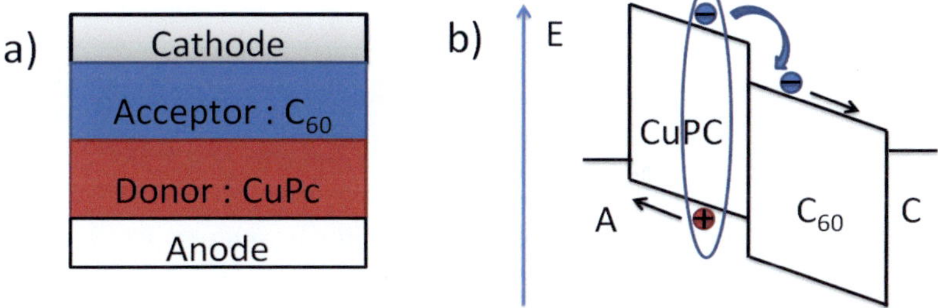

Bild 2.28.: Funktionsprinzip einer organischen Bilayer-Struktur. Die geringe Mobilität organischer Materialien sowie die begrenzte Exzitonen-Lebensdauer machen dünne Schichten im Bauelement erforderlich. Besonders die Absorber-Schicht darf nicht wesentlich dicker sein als die Diffusionslänge der Exzitonen. Links ist der schematische Schichtaufbau einer Solarzelle, rechts das zugehörige Banddiagramm. Exzitonen werden dissoziiert, sobald sie die Grenzfläche zwischen Donator und Akzeptor erreichen. Durch das interne Feld werden sie dann zu den Elektroden abgeleitet.

Um das Funktionsprinzip einer organischen Solarzelle zu veranschaulichen, nimmt man zunächst das Modell einer Bi-Layer-Struktur, Abbildung 2.28. In diesem einfachen Aufbau (Abbildung 2.28a) werden die Absorber-Schicht und die Akzeptor-Schicht aufeinander abgeschieden. Die beiden organischen Schichten werden dann mit geeigneten Elektroden versehen. Für die Bi-Layer-Struktur werden oft Kupfer-(II)-Phthalocyanin (CuPc) als Donator und das Fulleren C_{60} als Akzeptor gewählt [138]. CuPc ist ein sehr guter Absorber und die Exzitonen besitzen darin eine relative hohe Diffusionslänge ($\sim$ 20 nm) [9, 146, 154, 166]. Das Funktionsprinzip lässt sich durch das Banddiagramm in Abbildung 2.28b beschreiben. Zunächst wird ein Exziton in CuPc durch die Absorption eines Photons erzeugt. Ein Elektron wird ins LUMO (3,7 eV) angeregt, wodurch ein Loch im HOMO (5,3 eV) entsteht [144]. Das Exziton muss dann zur Grenzfläche mit C_{60} diffundieren. Weil das LUMO von C_{60} (4,5 eV) [141] energetisch tiefer liegt, kann das Elektron Energie gewinnen, in dem es auf das LUMO von C_{60} übergeht. Ist der Energiegewinn dabei größer als die Exzitonen-Bindungsenergie, wird das Exziton dissoziiert und somit freie Ladungsträger generiert. Das Elektron kann in C_{60} wegen der hohen Elektronenmobilität schnell zur Kathode transportiert werden. Das Loch in CuPc kann wegen der hohen Potenzialbarriere von 1 eV nicht ins C_{60} diffundieren. Alle Exzitonen, die innerhalb ihrer Lebensdauer keine Grenzfläche erreichen können, werden wieder rekombiniert. Wenn ein Photon in der C_{60}-Schicht absorbiert wird, muss das erzeugte Exziton zuerst zur Grenzfläche mit CuPc gelangen. Für ein Loch in der C_{60}-Schicht ist der Übergang auf das HOMO von CuPc energetisch viel günstiger. Das Loch geht über in die CuPc Schicht, wodurch das Elektron-Loch-Paar getrennt wird.

Die Dicke der aktiven Schicht ist aufgrund der kurzen Diffusionslänge begrenzt. Dies führt dazu, dass nicht alle Photonen absorbiert werden können. Es gibt demnach eine optimale Schichtdicke, bei der möglichst viel Licht absorbiert wird, aber dennoch ein Großteil der Exzitonen die Grenzfläche erreichen können. Damit ein größerer Teil des Lichts von der Solarzelle absorbiert werden kann, muss ein anderer Aufbau benutzt werden.

2.4.2. Bulk Heterojunction

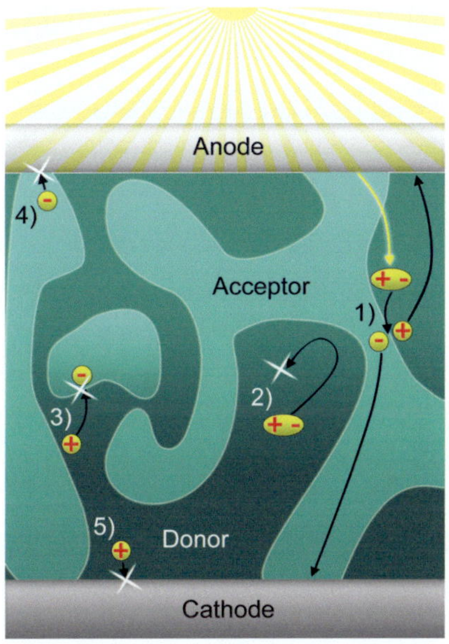

Bild 2.29.: Funktionsprinzip einer Bulk-Heterojunction-Solarzelle. Nach der Absorption des Photons kann das Exziton an der Grenze zwischen Donator- und Akzeptor-Domänen dissoziieren. Es können nur Ladungsträger genutzt werden, die in perkolierten Domänen erzeugt werden [143].

Im Jahr 1992 wurde von der Gruppe um Sariciftci erstmals die sogenannte Bulk-Heterojunc-tion-Solarzelle vorgestellt [149], Abbildung 2.29. Bis heute wird dieses Konzept bei den meisten organischen Solarzellen benutzt [174,191]. Standardmaterialien für diesen Aufbau sind Poly-(3-hexylthiophen) (P3HT) als Donator und des Fulleren-Derivat [6,6]-Phenyl-C_{61}-butyric-acid-methyl-ester (PCBM) als Akzeptor [41,143]. Donator und Akzeptor werden dazu gemeinsam in eine Lösung gebracht, so dass nach der Abscheidung der aktiven Schicht eine große innere Grenzfläche vorhanden ist. Die Exzitonen müssen nur eine kurze Strecke bis zur Grenzfläche diffundieren, wo sie dissoziiert werden. Nun müssen die getrennten Ladungsträger innerhalb perkolierter Donator- bzw. Akzeptordomänen bis zur Elektrode wandern. In der Tat gibt es viele Domänen, die nicht bis zur Elektrode reichen, sondern irgendwo in der aktiven Schicht enden. Die Ladungsträger, die in diesen Domänen erzeugt werden, werden wieder rekombinieren, Abbildung 2.29 Prozess 3). Ladungsträger werden in dieser Domäne gefangen. Im Gegensatz dazu sind sehr große Domänen auch nicht von Vorteil. Exzitonen, die sich in der Mitte solcher Domänen befinden, können keine Grenzfläche erreichen. Dies wird durch Prozess 2 in Abbildung 2.29 illustriert. Außerdem können Ladungsträger rekombinieren, die in der Nähe von „falschen" Elektroden absorbiert werden (Prozesse 4 und 5 in Abbildung 2.29). Aus diesen Gründen entscheidet die Morphologie des Mischaufbaus, wie effizient die organische Solarzelle funktioniert. Die Form der Domänen bzw. die Morphologie lassen sich durch die Herstellung und die Behandlung beeinflussen.

2.4.3. Strom-Spannungskennlinie

Eine Solarzelle lässt sich in einem Zwei-Dioden-Modell beschreiben, Abbildung 2.30. Weil der Strom I einer Solarzelle von der Fläche A abhängig ist, wird meist die Stromdichte J benutzt (J := I/A).

Die Stromdichte einer Solarzelle ist die Summe einer Dunkelstromdichte und einer Photostromdichte. (Wobei wir beachten müssen, dass an der Solarzelle im Arbeitspunkt zwar eine Vorwärtsspannung angelegt wird, der Strom jedoch in Rückwärtsrichtung fließt. Die Photo-

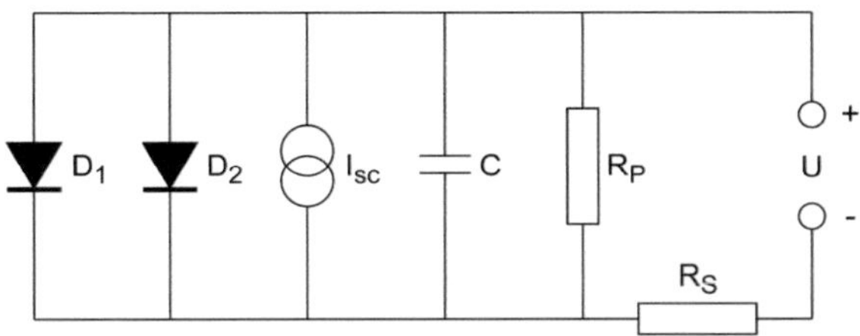

Bild 2.30.: Ersatzschaltbild einer Solarzelle. Unter Beleuchtung und bei einer Spannung kleiner als die Leerlaufspannung funktioniert die Solarzelle wie eine Stromquelle und liefert einen Photostrom I_{SC}. Die Diode D_1 beschreibt das Verhalten der Solarzelle mit direkter Band-Band-Rekombination, Diode D_2 weitere Rekombinations-Mechanismen. R_S und R_P stellen die Serien- und Parallelwiderstände dar [143].

stromdichte hat deswegen ein Minus-Vorzeichen). Sie lässt sich durch die Shockley-Gleichung beschreiben [176]:

$$J = \underbrace{J_0 \cdot \left(\exp\left(\frac{eU}{k_B T} \right) - 1 \right)}_{\text{Dunkelstromdichte}} + \underbrace{J_{SC}}_{\text{Photostromdichte}}, \qquad (2.18)$$

wobei U die angelegte Spannung, k_B die Boltzmann-Konstante und T die Temperatur ist. Bei realen Solarzellen kann die Rekombination der Ladungsträger nicht vernachlässigt werden. In Abbildung 2.29 werden die unterschiedlichen Rekombinationsmechanismen dargestellt. Diese Verluste reduzieren den gesamten Strom einer Solarzelle. Es können außerdem Kurzschlüsse zwischen den Elektroden auftreten. Die Kurzschlüsse können durch makroskopische Verunreinigungen oder durch große Domänen verursacht werden, Abbildung 2.29 links. Sie werden als Parallelwiderstand R_P im Ersatzschaltbild, Abbildung 2.30, dargestellt. Weil die Kurzschlüsse die Effizienz der Solarzelle reduzieren, sollte der Parallelwiderstand R_P möglichst groß sein. Transport- und Kontaktwiderstände werden im Ersatzschaltbild mit einem Serienwiderstand R_S berücksichtigt. Um Verluste möglichst gering zu halten, sollte der Serienwiderstand möglichst klein sein. Entsprechend wird Gleichung 2.18 folgendermaßen erweitert:

$$J = \quad J_1 \left[\exp\left(\tfrac{e(U-IR_S)}{k_B T} \right) - 1 \right] + J_2 \left[\exp\left(\tfrac{e(U-IR_S)}{nk_B T} \right) - 1 \right]$$

$$+ J_{sc} + \tfrac{U-IR_S}{R_P} \; , \tag{2.19}$$

Die Charakterisierung einer Solarzelle wird in der Regel durch Aufnahme einer Strom-Spannungs-Kennlinie durchgeführt. Exemplarisch ist eine solche Kennlinie in Abbildung 2.31 dargestellt.

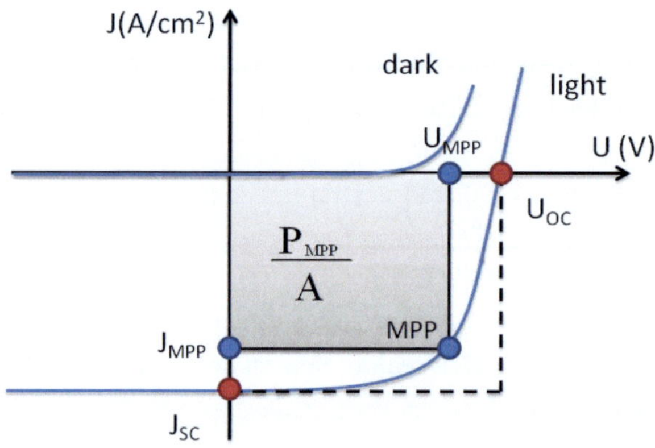

Bild 2.31.: Hell- und Dunkelkennlinien einer Solarzelle mit den Kenngrößen: Leerlaufspannung U_{OC}, Kurzschlussstromdichte J_{SC}, MPP (maximum power point), bei dem die Solarzelle die maximale Leistung P_{max} pro Fläche A abgibt.

Anhand der Kennlinie einer Solarzelle werden drei Kenngrößen abgelesen: Leerlaufspannung U_{OC}, Kurzschlussstromdichte J_{SC} und Füllfaktor FF. Die Leerlaufspannung ist die Spannung, bei der kein Strom fließt. Der Kurzschlussstrom ist der Strom, welcher sich unter Beleuchtung bei kurzgeschlossenen Elektroden einstellt. Der Füllfaktor beschreibt das Verhältnis zwischen entnommener Leistung am Maximum Power Point P_{MPP} und der sich aus Leerlaufspannung und Kurzschlussstrom ergebenden, theoretischen maximalen Leistung P_{max} der Solarzelle:

$$FF = \frac{P_{MPP}}{P_{max}} = \frac{U_{MPP} \cdot I_{MPP}}{U_{OC} \cdot I_{SC}} \; , \tag{2.20}$$

wobei U_{MPP} und I_{MPP} die Spannung und den Strom am Maximum Power Point repräsentieren. Die Effizienz einer Solarzelle wird damit definiert zu:

$$\eta = \frac{P_{MPP}}{P_{Licht}} = FF \cdot \frac{U_{OC} \cdot I_{SC}}{P_{Licht}} \; . \tag{2.21}$$

2.4.4. Ursprung der Leerlaufspannung

Zur rudimentären Beschreibung der Leerlaufspannung wird folgendes Modell benutzt. Ein intrinsischer Halbleiter wird von zwei Elektrode kontaktiert, die unterschiedlichen Austrittsarbeiten aufweisen [163]. Aufgrund dieses Unterschieds wird ein elektrisches Feld über der organischen Schicht abfallen. Im Falle einer Solarzelle werden die getrennten Ladungsträger unter Beleuchtung erzeugt. Die werden wegen des internen Potenzials zu den entsprechenden Elektroden bewegen. Wird eine Spannung in Vorwärtsrichtung zwischen zwei Elektroden angelegt, wirkt das interne Potenzial dagegen. Die gebrauchte Spannung zum Ausgleich des internen Potenzials wird als Leerlaufspannung bezeichnet. Die Auswahl der Elektrodenmaterialien hat dabei starken Einfluss, ob die von der aktiven Schicht zur Verfügung gestellte Leerlaufspannung im vollen Maße abgegriffen werden kann [136].

In der Realität ist der Aufbau einer organischen Solarzelle komplizierter. Wie zuvor beschrieben, besteht die aktive Schicht einer Bulk-Heterojunctions-Solarzelle aus zwei Materialien, die verschiedenen HOMO-LUMO besitzen. Brabec und seine Gruppe haben gezeigt,

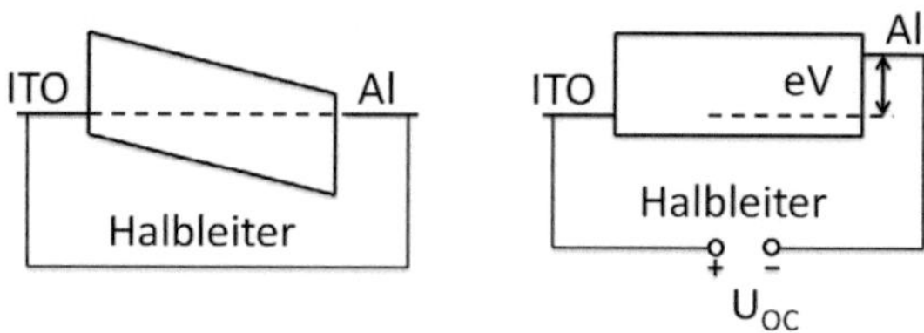

Bild 2.32.: Bandschema eines einfachen Modells Metall-Halbleiter-Metall zur Erklärung der Leerlaufspannung. Links ist der Kurzschluss-fall dargestellt, bei dem ein internes Potenzial über die Halb-leiterschicht abfällt. Rechts ist der Flach-Bandfall gezeigt.

dass das Modell in Abbildung 2.32 zur Beschreibung der Leerlauf-spannung einer Bulk-Heterojunctions-Solarzelle nicht ausreicht [13]. Als obere Grenze der Leerlaufspannung kann die Differenz zwischen dem HOMO-Niveau des Donators und dem LUMO des Akzeptors angemessen werden, Abbildung 2.33. Außerdem wird oft eine zusätz-liche Ladungstransportschicht zwischen der aktiven Schicht und den Elektroden eingefügt, um möglichst große Leerlaufspannungen zu er-reichen. Auch die Morphologie der aktiven Schicht hat einen Einfluss auf die Leerlaufspannung [109]. Die Injektionsschichten sorgen dafür, dass die Ladungsträger keine Energie verlieren, wenn sie die aktive Schicht zur Elektrode verlassen. Frohne et al. haben auch gezeigt wie die Leerlaufspannung mit der Dotierung von PEDOT:PSS beeinflusst werden kann [48]. Brabec und Kooistra haben in ihren Experimen-ten gezeigt, dass die obere Grenze der Leerlaufspannung bei einer realen organischen Solarzelle nicht erreicht werden kann [12, 94]. Die Abweichung der obere Grenze zur gemessene Leerlaufspannung ist die Folge verschiedener Verluste. Scharber et al. haben das HOMO verschiedener Polymer-Donatoren variiert und einen folgenden empi-rischen Zusammenhang abgeleitet [150]:

$$U_{OC} = \frac{1}{e}\left(\left|E_{HOMO}^{Donator}\right| - \left|E_{LUMO}^{PCBM}\right|\right) - 0,3V. \tag{2.22}$$

Wobei die 0,3 V Spannung aus den Rekombinations-Verlusten aus der Dunkel-Strom-Kennlinie und aus der Abhängigkeit des Photostroms von der Spannung im Bereich der Built-in Spannung stammt. Einen tieferen Einblick in das Thema bietet die Veröffentlichung von Scharber et al. [150].

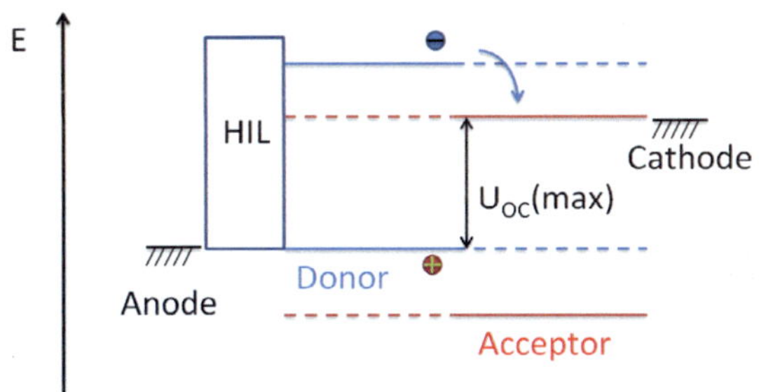

Bild 2.33.: Die maximale Leerlaufspannung entspricht dem Abstand vom HOMO des Donators zum LUMO des Akzeptors, ist aber für den gezeigten Mischaufbau nicht erreichbar.

2.5. Organische TEGs

Im Jahr 1821 wurde von dem deutschen Physiker Thomas Johann Seebeck erstmals der thermoelektrische Effekt nachgewiesen. Werden zwei verschiedene Metalle miteinander verbunden und die Kontaktstelle aufgeheizt, entsteht eine elektrische Spannung zwischen den Enden. 13 Jahre später beobachtete der Franzose Jean Peltier einen weiteren thermoelektrischen Effekt. Er fand heraus, dass ein in das Thermoelement induzierter Strom je nach Stromrichtung eine Temperatursenkung oder eine Temperaturerhöhung an der Kontaktstelle bewirkt. Allerdings war es damals relativ kompliziert, diesen Effekt bei metallischen Thermoelementen nachzuweisen, da sich der Leiter auch aufgrund des Jouleschen Effekts erwärmt. Heute wissen wir, dass

Elektronen unterschiedliche Energie in verschiedenen Materialien besitzen. Elektronen nehmen daher Energie auf oder geben diese ab, wenn sie von einem Metall zum andern übergehen. Die Kontaktstelle wird daher aufgeheizt oder abgekühlt. Diese beiden Effekte überlagern sich und sind schwer nachweisbar. Der Zusammenhang zwischen dem Seebeck- und dem Peltier-Effekte konnte aus diesem Grund erst später von William Thomson erklärt werden. Der Seebeck-Effekt wird für thermoelektrische Generatoren eingesetzt, während der Peltier-Effekt bei Kühl- und Heizelementen Anwendung findet.

2.5.1. Seebeck-Effekt

In der Tat tritt sowohl der Seebeck- als auch der Peltier-Effekt nur an der Grenze zwischen zwei unterschiedlichen Leitern auf [55]. Trotzdem ist dieser Effekt kein Kontakt-Effekt. Um den Seebeck-Effekt zu erklären, betrachten wir das Experiment in Abbildung 2.34.

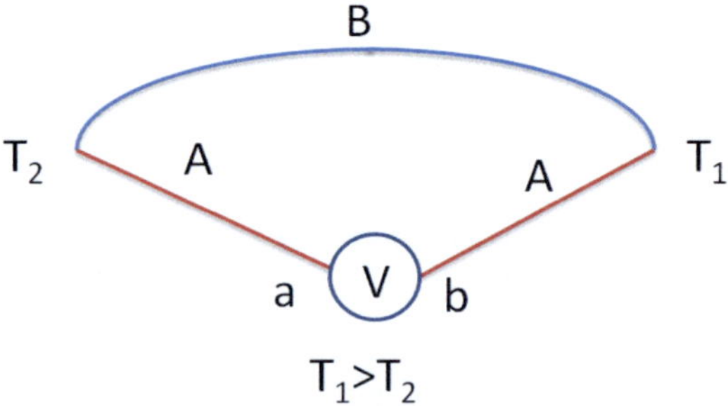

Bild 2.34.: Experimenteller Aufbau zur Untersuchung des Seebeck-Effekts.

Abbildung 2.34 zeigt, wie die zwei Enden eines Thermoelements B mit einem Leiter A kontaktiert werden. Zusätzlich werden die Enden des Leiters A an ein Voltmeter angeschlossen. Wird die Temperatur T_1 und T_2 ($T_1 > T_2$) variiert, kann mit dem Voltmeter die zugehörige Thermo-Spannung abgelesen werden.

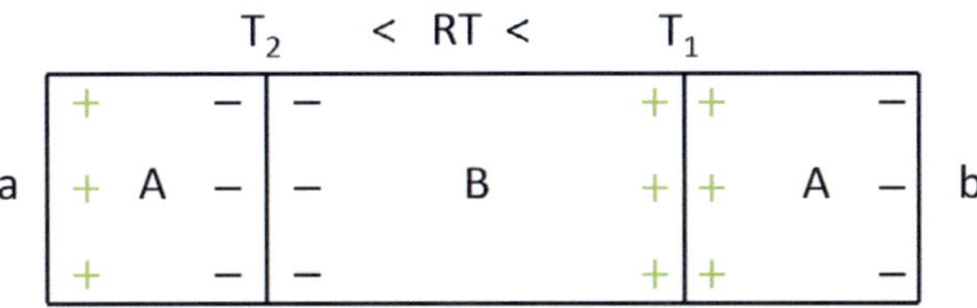

Bild 2.35.: Die Thermo-Spannung entsteht aufgrund einer Thermokraft. Die beiden Enden des Materials B werden in diesem Beispiel an der Kontaktstelle zu Material A auf unterschiedliche Temperaturen gebracht ($T_1 > T_2$) . Die Elektronen von der warmen Seite besitzen daher eine höherere kinetische Energie und akkumulieren an den kalten Seiten des Metalls. In jedem Material muss das Ladungsträger-Gleichgewicht erhalten werden.

In der Abbildung 2.35 werden verschiedene Metalle A und B zusammen gebracht. Die gemessene Spannung in der Abbildung 2.34 ist der elektrochemische Potenzial-Unterschied zwischen Eingang b und Eingang a des Voltmeters.

$$U = \varphi_{e-ch}(b) - \varphi_{e-ch}(a) \qquad (2.23)$$

Die Ursache der elektrostatischen Potenzialdifferenz ist die Thermodiffusion der Ladungsträger vom Ende mit Temperatur T_1 zum Ende mit Temperatur T_2 ($T_1 > T_2$) [116, 148]. Elektronen auf der Seite des Materials B mit höherer Temperatur T_1 haben eine höhere kinetische Energie als die Elektronen auf der Seite mit niedriger Temperatur T_2. Als Konsequenz werden mehr Elektronen an der kalten Seite akkumuliert. Die Thermo-Spannung kann folgendermaßen beschrieben werden [147]:

$$U = (S_A - S_B)(T_1 - T_2), \qquad (2.24)$$

wobei S_A, S_B die Seebeck-Koffizienten des Materials A und Materials B sind. Normalerweise haben Metalle viel kleinere Seebeck-

Koeffizienten als Thermoelementmaterialien ($S_A \ll S_B$). Der Seebeck-Koeffizient S_A kann vernachlässigt werden. Die Formel 2.24 kann daher vereinfacht werden:

$$U = -S_B(T_1 - T_2). \tag{2.25}$$

Die Kontakt-Spannung bzw. der Seebeck-Koeffizient aus der Formel 2.24 kann positiv oder negativ sein. Je nach Lage der Austrittsarbeit im Vergleich zum Leitungsband des Thermoelements B entsteht eine positive oder negative Kontakt-Spannung zwischen den Enden. Für Halbleiter-Materialien, wird ein negativer Seebeck-Koeffizient gemessen, wenn der Strom von den Elektronen dominiert wird. Umgekehrt dreht das Zeichen des Seebeck-Koeffizients für ein p-dotiertes Material. Dies kann man durch die Erklärung des Seebeck-Koeffizients über die Thomson-Relation verdeutlichen [55].

Wenn wir annehmen, dass die Wärme hauptsächlich durch die Ladungsträger transportiert wird, dann hängt der Temperatur-Gradient vom Strom ab. Der Peltier-Koeffizient Π kann daher, wie in Gleichung 2.26 dargestellt, durch den eingespeisten Strom I und die entzogene oder erzeugende Wärme Q beschrieben werden.

$$\Pi = \frac{Q}{I} = \frac{J_Q}{J_{\text{Drift}}} \tag{2.26}$$

Dabei sind J_Q und J_{Drift} der durch Wärme verursachte Diffusion- und Driftstrom. Der Zusammenhang zwischen Seebeck-Koeffizient und Peltier-Koeffizient lautet wie folgt:

$$S = \frac{\Pi}{T} \cdot \tag{2.27}$$

In der Tat können nicht alle Ladungsträger im Material zum Strom beitragen. Der Diffusions- und der Driftstrom müssen genauer beschrieben werden.

$$J_Q = \int_{-\infty}^{\infty} v(E_T - E_f)n(E)f(E)dE \tag{2.28}$$

$$J_{Drift} = \int_{-\infty}^{\infty} v(-e)n(E)f(E)dE \tag{2.29}$$

wobei $v(E_T - E_f)$ die Geschwindigkeit der Ladungsträger ist, die aufgrund der Wärme vom Fermi-Niveau E_f auf das Transport-Niveau E_T behoben wird. $v(-e)$ ist die Geschwindigkeit der freien beweglichen Ladungsträger. $n(E)$ und $f(E)$ sind die entsprechende Ladungsträgerdichte und Fermi-Verteilung. Nur die Ladungsträger, die sich im Energie-Niveau E in der Nähe des Fermi-Niveaus befinden, können durch die thermische Aktivierungsenergie leiten. Die Gleichungen 2.26 und 2.27 können nun neu formuliert werden.

$$\Pi = -\frac{1}{e} \int (E_T - E_f) \frac{\sigma(E)}{\sigma} dE \tag{2.30}$$

$$S = -\frac{k}{e} \int \left(\frac{E_T - E_f}{k_B T} \right) \frac{\sigma(E)}{\sigma} dE \tag{2.31}$$

Wobei σ die elektrische Leitfähigkeit ist. Der Ausdruck $\frac{\sigma(E)}{\sigma}$ setzt den Beitrag eines bestimmten Energieintervalls zur Leitfähigkeit in Relation zur Gesamtleitfähigkeit. In der Realität tragen nicht alle Niveaus zur Leitfähigkeit bei, weshalb der Beitrag immer kleiner als 1 ist. Außerdem wird der Peltier-Koeffizient aus der Gleichung 2.26 sowie der Seebeck-Koeffizient größer sein, wenn die Wechselwirkung der Elektronen mit den Phononen groß ist. Wenn die kinetische Energie der Ladungsträger vernachlässigt werden kann, lässt sich der Seebeck-Koeffizient annähern:

$$S = -\frac{E_T - E_f(T)}{eT} \tag{2.32}$$

Formel 2.32 ist sehr wichtig für die Abschätzung des Dotierungstyps und des Abstandes zwischen dem Transport-Niveau und dem Fermi-Niveau. Da sich der Abstand zwischen den Niveaus mit höherer Dotierung dem LUMO oder HOMO nähert, liefert der Seebeck-Koeffizient Informationen über die Stärke der Dotierung. Setzt man die Gleichung 2.32 in die Maxwell-Boltzmann-Näherung der Ladungsträgerdichte ein, erhält man den Zusammenhang zwischen Ladungsträgerdichte und Seebeck-Koeffizient mit

$$n(T) = N_\mu \exp\left[-\frac{E - E_f(T)}{k_B \cdot T}\right] = N_\mu \exp\left[\frac{e \cdot S(T)}{k_B}\right] \tag{2.33}$$

für Elektronen und

$$p(T) = N_\mu \exp\left[-\frac{E_f(T) - E}{k_B \cdot T}\right] = N_\mu \exp\left[\frac{-e \cdot S(T)}{k_B}\right] \tag{2.34}$$

für Löcher. Wobei n und p die effektiven Ladungsträgerdichten und N_μ die effektiven Zustandsdichten sind. Mit der Annahme, dass jedes Matrix-Molekül einen Zustand zum Ladungsträger-Transport beiträgt, kann die effektive Zustandsdichte durch die Moleküldichte ersetzt werden. Da die tatsächliche, effektive Zustandsdichte nicht bekannt ist, lässt sich dies für die Obergrenze berechnen.

2.5.2. Wirkungsgrad eines TEGs und Figure of Merit

Der Aufbau eines TEGs, Abbildung 2.36, besteht normalerweise aus zwei Thermoschenkeln, deren Seebeck-Koeffizienten einen möglichst großen Unterschied aufweisen sollten, um so eine hohe Ausgangsleistung erzeugen zu können. Beim Kontaktieren des TEGs mit einem Verbraucher, fließt ein Strom über den Verbraucher. Die entnommene Leistung wird wie folgt definiert:

$$w = I^2 R_L \cdot \tag{2.35}$$

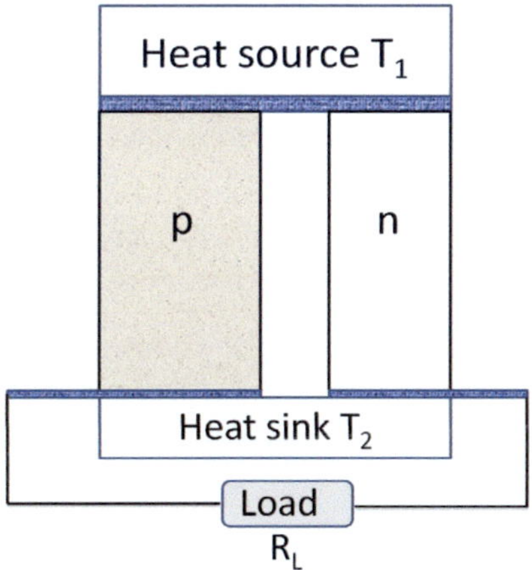

Bild 2.36.: Schematischer Aufbau eines einfachen TEGs. Dies wird mit einem Verbraucher im Betrieb verbunden.

Dieser Strom wird von der entstehenden Seebeck-Spannung erzeugt. Daraus ergibt sich

$$I = \frac{(S_p - S_n)(T_1 - T_2)}{R_p + R_n + R_L} \tag{2.36}$$

wobei S_p, S_n die Seebeck-Koeffizienten der p- und n-Schenkel sind. Die Wärme-Leistung q, die einerseits durch den Wärme-Transport, anderseits durch den Peltier-Effekt an den Kontakten beider Thermoschenkel verloren gegangen ist, kann folgendermaßen definiert werden. Es wird angenommen, dass die Konvektion und die Joulesche Wärme vernachlässigt werden.

$$q = (\lambda_p + \lambda_n)(T_1 - T_2) + (S_p - S_n)\,I\,T_1 \tag{2.37}$$

wobei λ_p, λ_n die entsprechenden Wärme-Leitfähigkeiten der p- und n-Halbleiter sind. Der erste Term steht für den Wärme-Transport aufgrund der Wärme-Leitfähigkeit. Der zweite ist nur von der Temperatur T_1 an der Kontaktstelle abhängig. Der Wirkungsgrad η eines TEGs wird durch die entnommene elektrische Leistung W pro aufgenommene Wärme-Leistung q definiert.

$$\eta = \frac{w}{q} = \frac{T_1 - T_2}{T_1} \cdot \frac{\left(1 + Z\frac{T_1 + T_2}{2}\right)^{1/2} - 1}{\left(1 + Z\frac{T_1 + T_2}{2}\right)^{1/2} + 1} \tag{2.38}$$

dabei

$$Z = \frac{(S_p - S_n)^2}{(\sqrt{\lambda_p \rho_p} + \sqrt{\lambda_n \rho_n})^2} \tag{2.39}$$

wobei ρ der spezifische Widerstand, der Kehrwert der elektrischen Leitfähigkeit ist. Es ist deutlich erkennbar aus der Gleichung 2.38, dass der Wirkungsgrad eines TEGs nur von $Z\frac{T_1 + T_2}{2}$ abhängt. Der Faktor ZT ist deswegen als Gütefaktor des TEGs bekannt, wobei $T = \frac{T_1 + T_2}{2}$ ist. Er ist ein einheitenloser Faktor. Aus der Gleichung 2.38 ist zu erkennen, dass der Wirkungsgrad nicht größer als $\frac{T_1 - T_2}{T_1}$ werden kann. Dies ist nichts anderes als der Carnot-Wirkungsgrad. Der Gütefaktor eines Materials kann folgendermaßen beschrieben werden.

$$ZT = \frac{S^2 \sigma}{\lambda} \cdot T \tag{2.40}$$

Allgemein haben organische Halbleiter eine sehr geringe Wärmeleitfähigkeit und die elektrischen Leitfähigkeiten organischer Halbleiter nähern sich den Leitfähigkeiten anorganischer Halbleiter an. Aus diesen Gründen versprechen organische Halbleiter einen hohen Gütefaktor und sind daher hervorragend für TEGs geeignet.

3. Aufbau und Charakterisierung

In diesem Kapitel werden die Architektur der Bauelemente, die Präparationstechniken und die Charakterisierungsmethoden beschrieben. Je Bauteiltyp wurde eine passende Schichtfolge gewählt. Zur Abscheidung der dünnen Schichten kamen flüssigphasenbasierte Techniken, wie Rakeln oder Spincoaten, und vakuumbasierte Techniken, wie die thermische Verdampfung, zum Einsatz. Um die einzelnen Schichten bzw. die Bauteile zu charakterisieren wurde eine Vielzahl analytischer Techniken verwendet.

3.1. Aufbau der Bauelemente

Gemein ist allen in dieser Arbeit untersuchten Bauteilen, dass sie aus einer Abfolge dünner Schichten bestehen, die auf einem Trägermaterial, dem Substrat, aufgebracht sind. Je nach Anforderung wurden unterschiedliche Substrate benutzt. Für die Messung der thermischen Leitfähigkeit wurden Bauteile auf Silizium-Substraten hergestellt. Eine typische OLED bzw. Solarzelle setzt sich aus der folgenden Schichtabfolge zusammen: Anode/Löcher-Injektionsschicht/Aktive Schicht/ Elektronen-Injektionsschicht oder Löcher-Blockschicht/Kathode, Abbildung 3.1. Im Fall der OLEDs ist die aktive Schicht eine Emissionsschicht und im Fall der Solarzellen eine Absorptionsschicht. Für manche Fragestellungen wird die Architektur individuell angepasst. Zum Beispiel wurde keine Löcher-Injektionsschicht aufgebracht, wenn eine hochleitfähige PEDOT:PSS Formulierung für die ITO-freien Solarzellen verwendet wird. In den jeweiligen Abschnitten wird erläutert, welches Material in den verschiedenen Schichten verwendet wird.

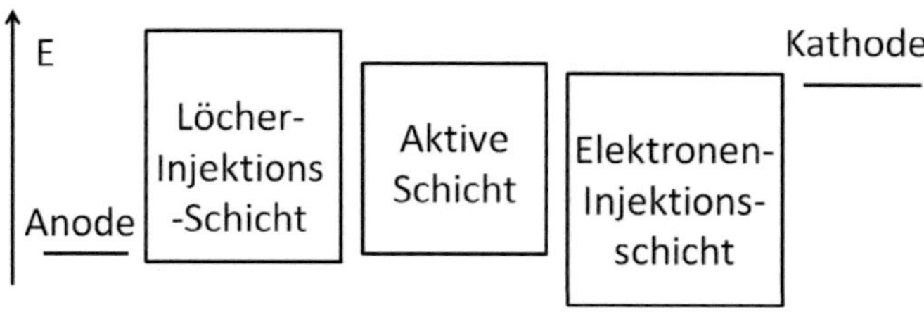

Bild 3.1.: Aufbau eines typischen organischen Bauelements, das aus drei Schichten zwischen den Elektroden besteht. Je nach Bautyp wird eine passende Schichtfolge gewählt.

3.1.1. Anode

Damit die in der OLED erzeugten Photonen das Bauteil verlassen können bzw. die Photonen in die Absorptionsschicht der Solarzellen eindringen können, wird normalerweise eine transparente Anode aus Indiumzinnoxid (ITO) gewählt. ITO ist ein Mischoxid, das aus ca. 90 wt.% Indium(III)oxide (In_2O_3) und 10 wt.% Zinn(IV)oxid (SnO_2) besteht. Die in dieser Arbeit verwendeten Glassubstrate mit einer aufgedampften 125 nm dicken ITO-Schicht sind im sichtbaren Spektralbereich hoch transparent, Abbildung 3.2, und besitzen einen niedrigen Flächenwiderstand (13-16 $\Omega/\square$).

Das im ITO eingesetzte Indium ist ein teurer und seltener Rohstoff, außerdem ist ITO spröde und somit nicht für flexible Substrate geeignet. Daher wurde neben ITO das hoch leitfähige Polymer-Gemisch poly(3,4-ethylenedioxythiophene):polystyrenesulfonate (PEDOT:PSS) untersucht. PEDOT:PSS besteht aus den zwei Komponenten PEDOT und PSS. Das konjugierte Polymer PEDOT wird mittels des negativ geladenen Gegenions PSS dotiert und erhält dadurch seine

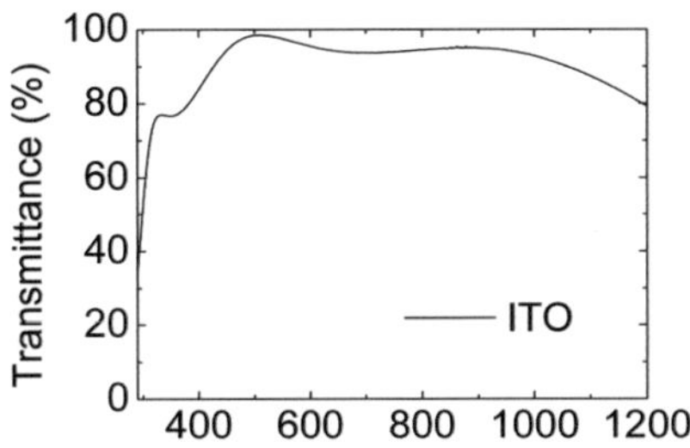

Bild 3.2.: Transmission einer 125 nm dicken ITO-Schicht auf Glas.

hohe Leitfähigkeit. Es wurden zwei Formulierungen der Heraeus Clevios GmbH mit den Handelsnamen Clevios^{TM} PH500 und PH750 in dieser Arbeit als Anodenmaterial untersucht. Um als Anodenmaterial geeignet zu sein, muss die Leitfähigkeit sehr hoch sein. Durch die Mischung mit DMSO kann die Leitfähigkeit weiter erhöht werden [31, 40, 108].

3.1.2. Löcher-Injektionsschicht (HIL)

Damit die Löcher eine geringere potentielle Barriere zwischen Anode und der aktiven Schicht überwinden müssen, wird eine Löcher-Injektionsschicht (HIL) aus PEDOT:PSS aufgebracht. PEDOT:PSS hat ein günstiges HOMO für die Injektion der Löcher ($E_{\text{HOMO}}= 5{,}2$ eV [44]). Als HIL wird die nicht hochleitfähige Formulierung VPAI 4083 verwendet um im Bauteil Kurzschlüsse durch Querleitung zwischen Anode und Kathode zu vermeiden.

Neben dem System PEDOT:PSS kommen auch Systeme bestehend aus kleinen Molekülen, wie MTDATA:F$_4$TCNQ, als HIL zum Einsatz, Abbildung 3.4. Dieses Material-System hat bei aufgedampften OLEDs in der Vergangenheit bereits zu hohen Effizienzen geführt. Im Gegensatz dazu wird dieses Materialsystem im Rahmen dieser Arbeit aus der Flüssigphase abgeschieden. MTDATA ist ein Loch-

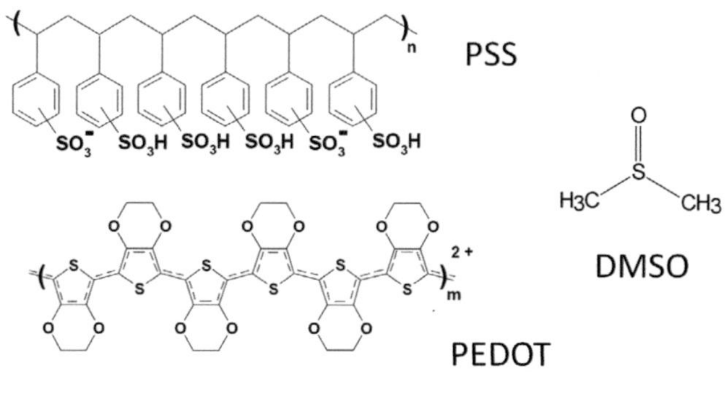

Bild 3.3.: Strukturformel von PEDOT und von PSS. Bei Zugabe von DMSO kann die Leitfähigkeit von PEDOT:PSS um ca. drei Größenordnungen gesteigert werden [40].

Transport-Material und weist ein HOMO-Niveau von 5,2 eV auf und ist somit an das HOMO-Niveau des Emitters in der OLED angepasst. Um die anodenseitige Anpassung vorzunehmen, wird das MTDATA mit F_4TCNQ dotiert. Dadurch verschiebt sich das Ferminiveau auf ca. 5 eV [11], was die Lochinjektion aus der ITO-Schicht erleichtert. Das MTDATA Molekül ist unpolar und kann daher gut in unpolaren Lösungsmitteln, wie Dichlorbenzol, gelöst werden. Im Gegenteil zu MTDATA löst sich F_4TCNQ in polaren Lösungsmitteln, wie zum Beispiel in Aceton. Durch Verwendung eines Lösemittelgemisches aus Dichlorbenzol und Aceton im Verhältnis 140:1 konnte eine 15 nm dünne Schicht MTDATA:F_4TCNQ abgeschieden werden. Diese Schichtdicke wurde gewählt, da sie ein Optimum zwischen Schichtwiderstand und Grad der Reabsorption des emittierten Lichtes darstellt.

3.1.3. Aktive Schicht

In der aktiven Schicht finden die photo-physikalischen Prozesse statt. Im Fall der OLED bilden die injizierten Elektronen und Löcher Exzitonen, die dann strahlend rekombinieren, also Photonen emittieren.

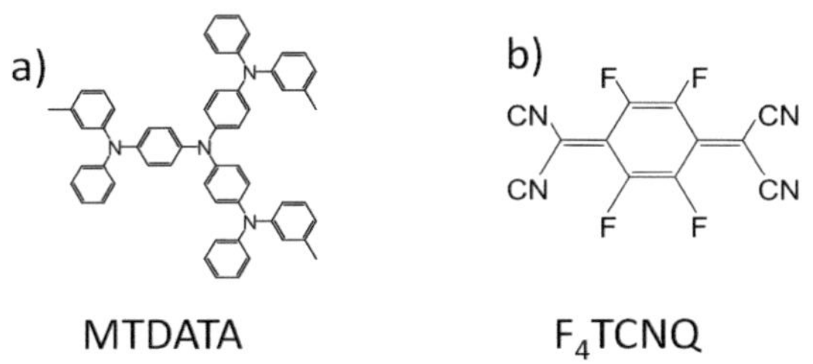

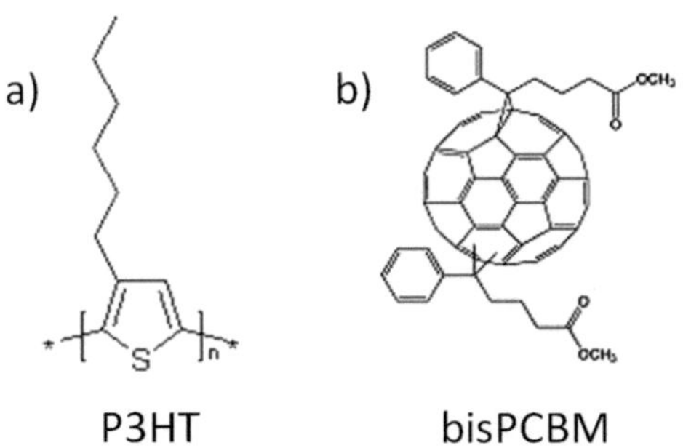

Bild 3.4.: Strukturformelen von Donator MTDATA (a) und Akzeptor F_4TCNQ (b).

Umgekehrt wird im Fall der Solarzellen Licht absorbiert und es werden Ladungsträger-Paare erzeugt. Für die aktiven Schichten kommen verschiedene Materialien in Frage, für die Solarzelle zum Beispiel eine Bulk-Heterojunction aus Poly-(3-hexylthiophen) (P3HT) und einem Fulleren-Addukt von [6,6]-Phenyl-C_{61}-butyric-acid-methyl-ester (bisPCBM), Abbildung 3.5. Das Polymer P3HT hat eine höhere Loch-Mobilität als Elektronen-Mobilität. Außerdem besitzt das P3HT eine höhere Absorption, ca. $10^5\,\mathrm{cm}^{-1}$ [121] im sichtbaren Spektralbereich als PCBM. Das Fulleren bisPCBM ist ein Akzeptor und hat dagegen eine höhere Elektronen-Mobilität als Loch-Mobilität.

Bild 3.5.: Strukturformel von P3HT (a) und bisPCBM (b).

Für OLEDs kam das PPV-Copolymer SuperYellow als Emitter bei Untersuchung der Injektionsschicht zum Einsatz. Außerdem ist SuperYellow ein vernetzbares Material, welches für den Aufbau einer Drei-Schicht-OLED sehr hilfreich ist. SuperYellow wird von der Firma Merck unter dem kommerziellen Namen (PDY 132) bezogen. Es hat einen ausgeprägten gelben Spektralanteil mit einem Peak bei 550 nm, Abbildung 3.6. In dieser Arbeit wird SuperYellow in Toluol und meist mit 3mg/ml angesetzt. Die HOMO- und LUMO-Werte von SuperYellow werden in der Literatur unterschiedlich angegeben. Sie liegen bei ca. 5.0 eV fürs HOMO und 2.8 eV fürs LUMO [5, 156, 171].

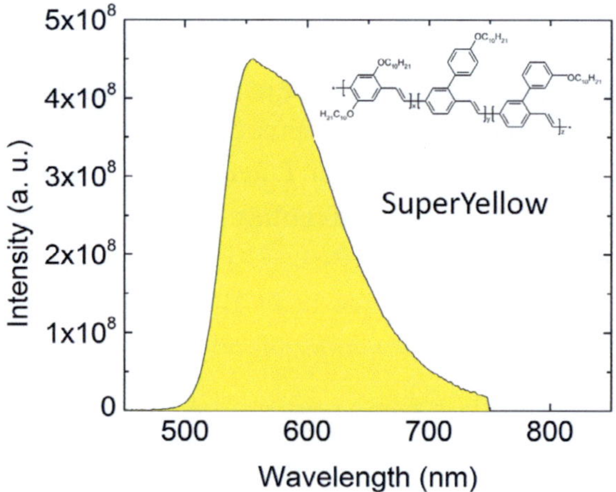

Bild 3.6.: Chemische Struktur und Spektrum von SuperYellow.

Um hoch effiziente OLEDs herzustellen, wird der fluoreszierende Emitter, SuperYellow, durch ein Guest/Host-System ersetzt. Dieses System besteht aus einem Host mit hoher Triplett-Energie (Triplett-Host) und einem Triplett-Emitter. Dabei muss die Triplett-Energie des Hosts größer sein als die Triplett-Energie des Guests. 4,4′ - Bis(carbazol-9-yl) biphenyl (CBP) wird oft als Host gewählt. Es kann

Elektronen und Löcher näherungsweise gleich gut leiten [119], die dann effizient mittig in der aktiven Schicht rekombinieren können.

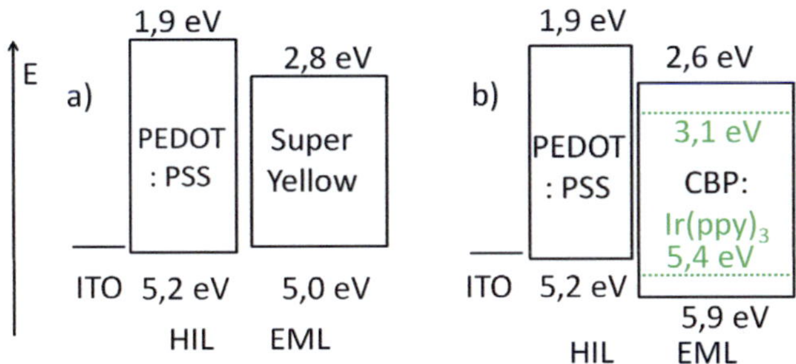

Bild 3.7.: Aufbau der OLEDs bis zur Emissionsschicht. Die Emissionsschicht kann aus unterschiedlichen Materialien bestehen: (a) aus PPV-Copolymer SuperYellow, (b) aus Guest/Host-System CBP:Ir(ppy)$_3$, wobei werden die Energieniveaus des Ir(ppy)$_3$ Guests mit gestrichelten Linien dargestellt.

Neben dem hoch effizienten Emitter fac tris(2-phenylpyridine)Iridium (Ir(ppy)$_3$) wurde ein neuer Kupfer-Komplex (TB299), Abbildung 3.8, untersucht. Beide Emitter phosphoreszieren und weisen ein starkes Quenching auf. Durch Einbringen in eine Matrix aus CBP lassen sich die Quenchingverluste reduzieren. Um die Löslichkeit von TB299 zu verbessern, wurden an das Kupferzentrum drei Heptanyl-Gruppen synthetisiert. Dadurch lässt sich TB299 mit bis zu 10 mg/ml in Toluol, Chlorbenzol oder Tetrahydrofuran (THF) lösen, während Ir(ppy)$_3$ sich maximal mit 1 mg/ml in THF oder Toluol lösen lässt. Dies ermöglicht die Abscheidung von dickeren Schichten.

3.1.4. Löcher-Blockschicht

Um zu verhindern, dass injizierte Löcher nicht weiter als bis zur Emissionsschicht gelangen, verwendet man kathodenseitig eine Löcher-Blockschicht. Um Löcher effektiv blockieren zu können, werden Mate-

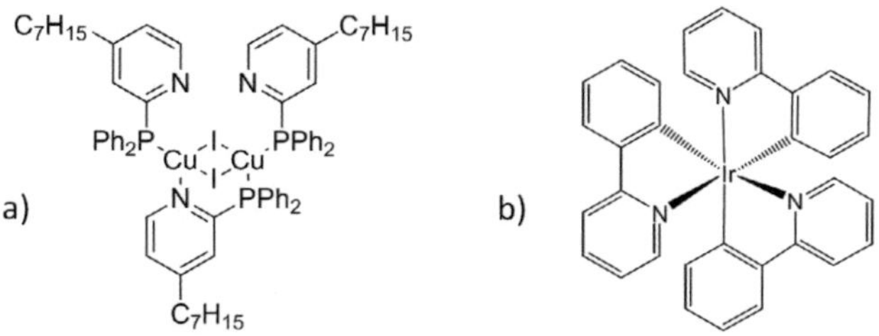

Bild 3.8.: Strukturformeln von TB299 (a) und Ir(ppy)$_3$ (b). Der Kern von TB299 besteht aus Kupferiodid und der Kern von Ir(ppy)$_3$ besteht aus Iridium.

rialien gewählt, die ein viel tieferes HOMO als das HOMO des Emitters und das HOMO des Hosts haben, Abbildung 3.9a. Für fluoreszierende Emitter wurde BPhen, Abbildung 3.9c, verwendet. Bei phosphoreszierenden Emittern müssen zusätzlich die Exzitonen blockiert werden, da sie eine um drei Größenordnungen längere Lebensdauer als fluoreszierende Emitter aufweisen. Hierzu wurde TPBi, Abbildung 3.9b, gewählt.

Zusätzlich zur Löcher-Blockschicht kann eine Elektronen-Injektionsschicht eingefügt werden. Wie ihr Name bereits sagt, verbessert sie die Injektion der Elektronen von der Kathode in die aktive Schicht. Im Rahmen dieser Arbeit wird eine mit CsF-dotierte BPhen-Schicht verwendet. Beide Materialien lösen sich in polaren Lösungsmitteln (Ethanol) und können damit flüssig abgeschieden werden.

3.1.5. Kathode

Sowohl die Kathoden als auch die Metallkontakte für die Seebeck-Messungen werden durch thermische Verdampfung im Vakuum aufgebracht. Die aufgedampften Metalle unterscheiden sich in ihrer Austrittsarbeit. Für OLEDs werden Metalle benötigt, die eine sehr klei-

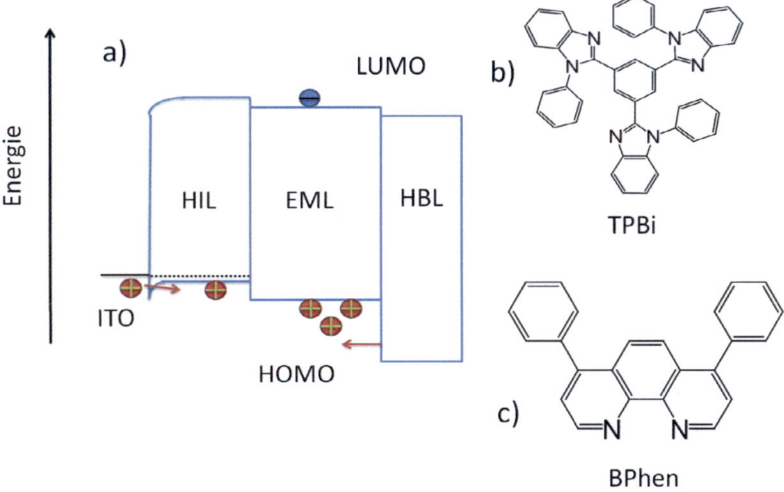

Bild 3.9.: Bandschema einer OLED mit Löcher-Blockschicht (a). Der Dunkelstrom von Löchern wird aufgrund des tieferen HOMOs der Löcher-Blockschicht (HBL) verringert. TPBi (b) und BPhen (c) haben beide ein sehr tiefes HOMO und können für die Block-Schicht verwendet werden.

ne Austrittsarbeit haben. Je niedriger die Austrittsarbeit ist, desto reaktiver sind diese Metalle. Um diese unerwünschten Reaktionen zu vermeiden, werden die Metalle im Hochvakuum aufgedampft. Im Prinzip eignen sich eine Vielzahl von Metallen als Kathodenmaterial, aber man beschränkt sich typischerweise auf diejenigen Materialien, die keine allzu hohen Aufdampf-Temperaturen benötigen.

3.2. Präparation

Staub und Partikel in gewöhnlicher Raumluft sind einige Mikrometer groß und können dadurch die Funktion der nur einige hundert Nanometer dünnen, organischen Bauelemente beeinträchtigen. Daher erfolgt die Herstellung der Bauelemente in einem Reinraum mit den

Reinraumklassen 100 bis 10000. Im Folgenden werden die Schritte erklärt, die zur Herstellung kompletter Bauelemente nötig sind.

3.2.1. Substrate-Vorbereitung

Als Substratmaterial kamen Glas, Silizium und ITO-beschichtetes Glas zur Verwendung. Die Strukturierung der ITO-Substrate für OPV bzw. OLED erfolgte jeweils in einem Ätz-Prozess.

Die ITO-Substrate für die Solarzelle wurden auf eine Größe von 16 mm x 16 mm geschnitten. Zur Strukturierung wird ein Bereich mit einem 12 mm breiten Tesa-Film abgeklebt. Die Substrate werden dann einem Salzsäure-Bad für 7 Minuten ausgesetzt. Bereiche, die nicht mit einem Tesa-Film abgedeckt sind, werden weg geätzt.

Das Layout für die OLEDs erfordert eine komplexere Strukturierung. Zuerst wird der Fotolack ma-P 1215 (Firma Micro resist Technology GmbH) auf dem ITO-Substrat mit einer Lackschleuder aufgebracht. Dann wird diese Schicht durch eine Folien-Maske mit UV-Licht belichtet. Weil ma-P 1215 ein Positiv-Lack ist, können die belichteten Bereiche durch ein Entwicklerbad gelöst werden. Im darauf folgenden Ätzschritt werden ungeschützte ITO-Bereiche ebenfalls durch Salzsäure entfernt. Verbliebener Lack kann mit Aceton abgespült werden. Details zu den Prozessschritten sind in der unteren Tabelle aufgeführt.

Schritt	Details
Reinigen	Ultraschallbad: 15 min Aceton,
	15 min Isopropanol
Substrat dehydrieren	Aufheizen auf Hotplate, 20 min bei 150°C
Plasma-Reinigung	2 Min in Sauerstoff Plasma
Belackung	Lack: ma-P 1215
	350 Umdrehung/min, Ramp 9, 5s
	2400 Umdrehung/min, Ramp 9, 30s
	1,6 μm Lackschicht
Prebake	100°C für 90s
Belichten	60s bei 1,5 mW/cm^2 mit UV
Entwicklung	35 s und danach in Wasser stoppen
Spülen	mit Wasser abspülen
Trocknen	mit Stickstoff
Postbake	100°C für 180 s
Ätzen	7 min in 37%iger Salzsäure
Spülen und trocknen	mit Wasser und Stickstoff
Lack entfernen	mit Aceton

Tabelle 3.1.: Prozess zur Strukturierung von ITO-Substraten

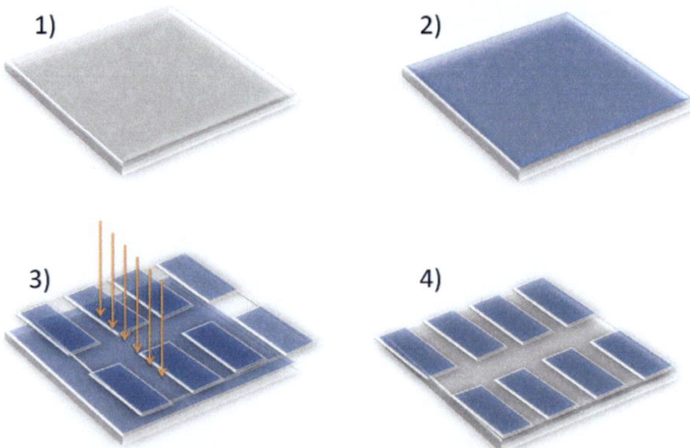

Bild 3.10.: Prozessschritte zur Strukturierung der ITO-Substrate für OLEDs: 1) Reinigen der ITO Substrate, 2) Abscheiden der Lackschicht, 3) Belichtung mit Maske und Entwicklung der Lackschicht, 4) fertig strukturierte und geätzte Substrate.

3.2.2. Flüssigprozessierung

Vor der Applikation der funktionalen Schichten erfolgt eine zweistufige Reinigung. Die Substrate wurden in einem Ultraschallbad zuerst in Aceton, dann in Isopropanol für jeweils 15 Minuten gereinigt und mit Stickstoff getrocknet. Danach werden sie in einem Sauerstoff-Plasma behandelt. Diese Plasma-Behandlung entfernt einerseits verbliebene organische Verunreinigungen, außerdem wird eine polare Oberfläche erzeugt, damit die wässrige PEDOT:PSS-Dispersion besser benetzt. Des Weiteren erfolgt eine Erhöhung der Austrittsarbeit von ITO [62, 96, 133]. Danach erfolgt die weitere Abscheidung der dünnen Filme aus der Flüssigphase.

- **Flüssigprozessierung durch Spincoating**

Einige der untersuchten Materialien sind unter ambienten Bedingungen nicht stabil. Um eine Schädigung der Materialien auszuschließen, wurden die meisten Materialien in einer Handschuhbox unter inerten Bedingungen aufgeschleudert. Die Beschichtung mittels Lackschleuder wird vielfach in der Forschung eingesetzt, da sie ein reproduzierbares und einfach zu kontrollierendes Verfahren darstellt, Abbildung 3.11. Bei diesem Verfahren wird das Substrat auf dem sogenannten Chuck angesaugt. Nachdem die Lösungen auf das Substrat pipettiert wurde, wird das Substrat auf eine wählbare Drehzahl beschleunigt. Das Fluid wird gleichmäßig auf dem Substrat verteilt und zum Teil weggeschleudert. Dabei verdampft das Lösungsmittel. Die Dicke des Nassfilms wird unter anderem von der Viskosität der Lösung, von der Löslichkeit des Materials, vom Siedepunkt des Lösungsmittels und von Drehzahl und Beschleunigung der Lackschleuder bestimmt.

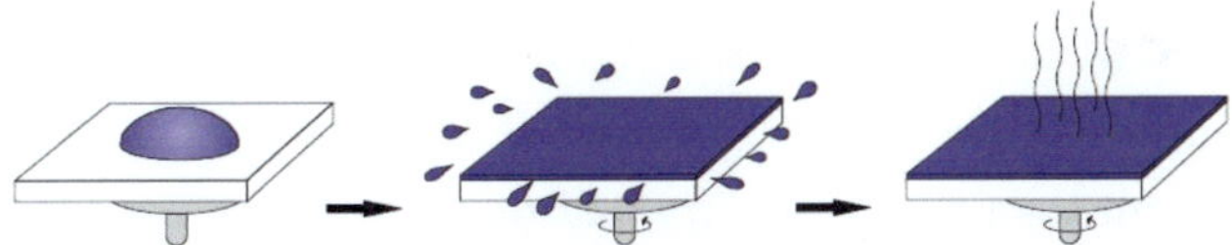

Bild 3.11.: Darstellung des Spincoating-Prozesses. Die Lösung wird auf das Substrat pipettiert. Durch die Rotation des Chucks wird der Nassfilm gleichmäßig auf dem Substrat verteilt und durch die Trocknung bildet sich ein homogener Film. [145].

Um mehrere verschiedene Schichten aufeinander spincoaten zu können, werden Lösemittel verwendet, die die darunter liegende Schicht nicht anlösen. Dies wird durch die alternierende Abfolge von polaren und nichtpolaren Lösungsmitteln erreicht und als Verwendung von orthogonalen Lösungsmitteln bezeichnet. Selbst wenn die Lösungsmittel orthogonal zueinander sind, besteht immer noch die Gefahr, dass tiefer liegende Schichten abgelöst werden, da die dünnen Filme keine hinreichende Lösemittelbarriere darstellen. Ein alternativer Ansatz zur Verwendung von orthogonalen Lösungsmitteln besteht in der gezielten Vernetzung einzelner Schichten, die dadurch resistenter gegen das Lösungsmittel werden. Um die flüssig prozessierte BPhen:CsF-Elektronen-Injektionsschicht auf die Emissionsschicht aus SuperYellow aufzubringen, wurde SuperYellow mit UV-Licht und gleichzeitigem Wärmeeintrag vernetzt.

- **Flüssigprozessierung durch Rakeln**

  Eine Alternative zu der Beschichtung mittels Lackschleuder stellt die Beschichtung mittels Rakel dar. Im Gegensatz zum Lackschleudern werden geringere Fluidmengen benötigt (Beispiel PEDOT:PSS, Faktor 11) und gleichzeitig lassen sich größere Substrate beschichten. Allerdings können die Filmeigenschaften durch die Anpassung der Geräteparameter nicht so frei eingestellt werden wie beim Spincoaten. In dieser Arbeit kam das Filmziehgerät ZAA-2300 der Firma Zehntner zusammen mit dem Universal-Applikator ZUA-2000 zum Einsatz. Die Schichtdicke des Nassfilms kann durch die Spalthöhe des Applikators und der Geschwindigkeit, mit der der Applikator über das Substrat geführt wird, beeinflusst werden. Um eine 15 nm bis 20 nm dicke Schicht PEDOT:PSS herzustellen, wurde der Applikator bei einer Spalthöhe von 50 μm mit einer Geschwindigkeit von 2 mm/s gezogen [41]. Für die Beschichtung der aktiven Schicht in einer P3HT:PCBM-Solarzelle wurde eine Geschwindigkeit von 10 mm/s gewählt. Es wurde gezeigt, dass die

Spalthöhe im Allgemeinen nur einen geringen Einfluss auf die Schichtdicke hat, dominierende Faktoren sind die Geschwindigkeit, mit der der Applikator bewegt wird, und die Viskosität der Lösung [129, 151].

3.2.3. Vakuumsublimation

Die organischen Schichten der Referenz-Bauelemente wurden mittels thermischer Sublimation aufgebracht. Bei dieser Technik lassen sich die Morphologie sowie die Schichtdicke sehr gut mit einem Schichtdickenmonitor (Schwingquarz) kontrollieren. Die organischen Feststoffe werden dabei in verschiedene Quellen gefüllt. Die Metall-Quellen und die organischen Quellen befinden sich in einer geschlossen Kammer, in der der Druck bis zu 10^{-8} mbar erreichen kann. Bei diesem Druck werden die Materialien bis zu ihren Siedepunkten aufgeheizt. Die Schichtdicken können mit dieser Methode im Å-Bereich kontrolliert werden.

3.2.4. Bauteilgeometrien

Eine Übersicht der zur Herstellung von Solarzellen bzw. OLEDs verwendeten Layouts wird in den folgenden Graphen dargestellt. Die Herstellungsschritte werden gemäß den zuvor beschriebenen Prozessen und am LTI etablierten Standards durchgeführt.

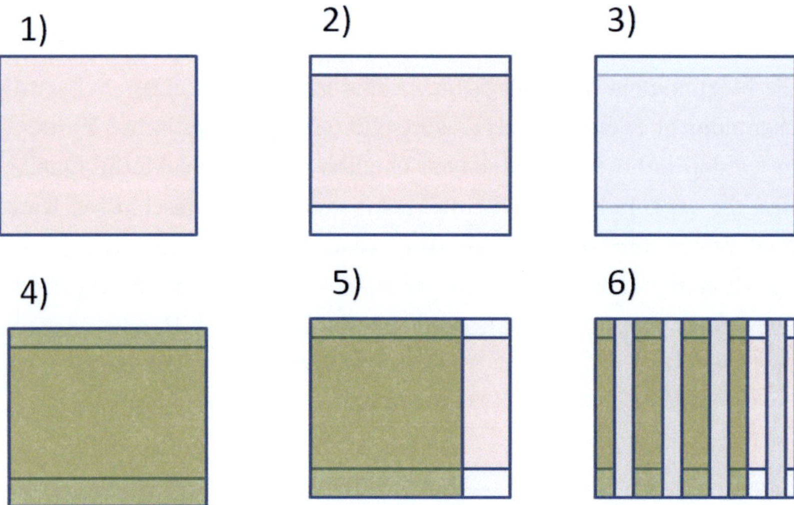

Bild 3.12.: Herstellungsschritte einer Solarzelle. 2) ITO wird zuerst durch Ätzen strukturiert. 3) Danach wird eine dünne PEDOT:PSS-Schicht durch Spincoating aufgebracht. 4) Darauf wird die aktive Schicht abgeschieden. 5) Vor der Metallisierung wird die ITO-Elektrode mechanisch frei gelegt. 6) Schließlich werden Metall-Kontakte aufgedampft.

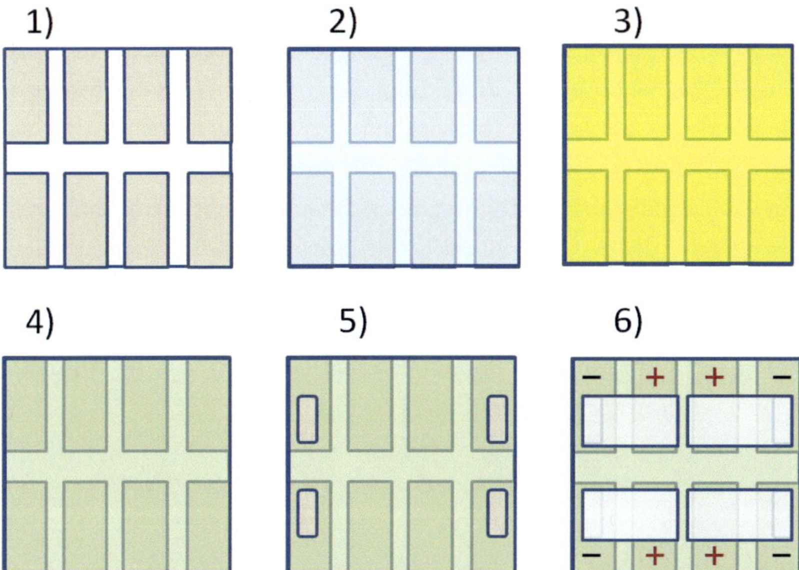

Bild 3.13.: Herstellungsschritte einer OLED. 1) Die ITO-Schicht wird strukturiert. 2) Darauf wird eine dünne PEDOT:PSS-Schicht durch Spincoating aufgebracht. 3)+4) Die Emissionsschicht und die EIL-Schicht werden abgeschieden. 5) Wie bei den Solarzellen werde Bereiche zur Kontaktierung der ITO-Elektrode freigelegt. 6) Zum Schluss werden die Kathoden aufgedampft.

3.3. Charakterisierung

3.3.1. Physikalische Charakterisierung

Kontaktwinkel

Zur Charakterisierung der Polarität eines Films werden sogenannte Kontaktwinkel gemessen, worunter man den Winkel versteht, den ein Flüssigkeitstropfen auf der Oberfläche eines trockenen Filmes zu dieser Oberfläche bildet, Abbildung 3.14. Diese Winkel-Messungen dienen der qualitativen Abschätzung der Benetzbarkeit des Films. Der Kontaktwinkel hängt von der Wechselwirkung der Oberfläche mit dem Lösungsmittel ab. Je größer diese Wechelwirkung ist, desto geringer ist der Kontaktwinkel. Zum Beispiel benetzt ein unpolares Lösungsmittel gut auf einer unpolaren Oberfläche, was sich in einem kleinen Kontaktwinkel äußert. Umgekehrt kann ein polares Lösungsmittel nicht gut auf einer unpolaren Oberfläche haften. Der Kontaktwinkel ist deswegen größer.

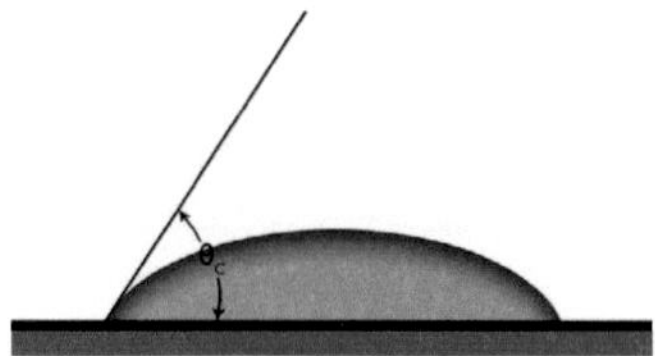

Bild 3.14.: Der Kontaktwinkel Θ_c bezeichnet den Winkel, den ein Flüssigkeitstropfen auf einer Festkörperoberfläche zu dieser Oberfläche bildet und ist ein Maß für die Benetzung des Lösungsmittels auf der Oberfläche des Films.

Die Kontaktwinkel werden mit einem Kontaktwinkelmessgerät G10 (Firma Krüss) statisch, d.h. auf einem nivellierten Substrat, bestimmt.

Schichtdicke

Zur Bestimmung von Schichtdicken dünner Filme wurden im Rahmen dieser Arbeit Messungen mit einem Profilometer durchgeführt. Nach der Präparation der Proben wird mechanisch eine Furche in das Material gekratzt. Mit einem Messkopf wird dann das Profil eindimensional abgetastet, wodurch die Schichtdicke bestimmt werden kann.

Topografie

Die Topografie einer Oberfläche lässt sich mit Hilfe eines Rasterkraftmikroskops (AFM, engl. atomic force microscope) bestimmen. Die Oberfläche eines Films wird dabei mittels eines Cantilevers abgerastert. An der Spitze dieses Cantilevers befindet sich eine sehr feine Messnadel. Die Wechselwirkung zwischen der zu untersuchenden Substratoberfläche und Messnadel induziert eine Kraft, die auf die Biegefeder wirkt und sie damit auslenkt. Mittels eines Laserstrahls wird diese Elongation erfasst und anschließend digitalisiert. Durch das Abrastern der gesamten Oberfläche kann eine zweidimensionale Topografie-Karte dargestellt werden.

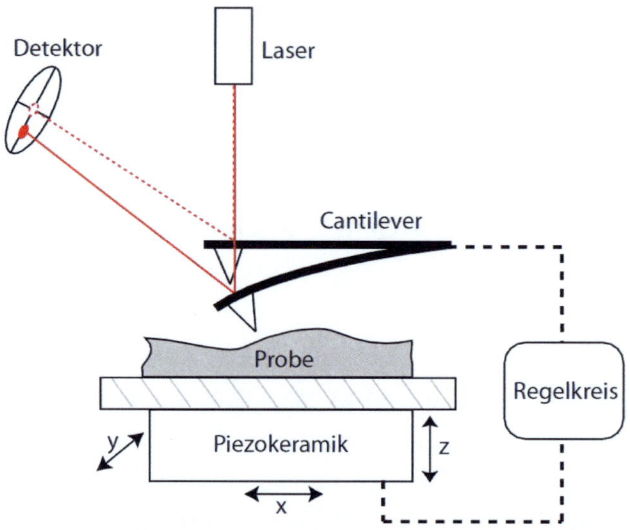

Bild 3.15.: Schematischer Aufbau eines AFM [52]. Durch die Wechselwirkung zwischen dem Cantilever und der Probe wird die Topografie der Oberfläche bestimmt.

Die Oberfläche kann dann mit folgenden Kenngrößen quantitativ charakterisiert werden. Die mittlere Rauheit R_m wird durch die Summe der Profilabweichung zu ihrem Mittel definiert.

$$R_m = \frac{1}{MN} \sum_{m=1}^{M} \sum_{n=1}^{N} |z(x_m, y_m) - <z>| \qquad (3.1)$$

$$<z> = \sum_{m=1}^{M} \sum_{n=1}^{N} z(x_m, y_m) \qquad (3.2)$$

R_q berechnet sich aus der mittleren quadratischen Abweichung:

$$R_q = \sqrt{\frac{1}{MN} \sum_{m=1}^{M} \sum_{n=1}^{N} |z(x_m, y_m) - <z>|^2} \qquad (3.3)$$

3.3.2. Optische Eigenschaften

Die optischen Eigenschaften sind bei OLEDs und Solarzellen von besonderer Bedeutung. Bei OLEDs muss das Licht möglichst gut ausgekoppelt werden. Umgekehrt muss die Solarzelle das eintreffende Licht in der aktiven Schicht möglichst vollständig absorbieren. Neben der aktiven Schicht müssen darüber hinaus auch die Absorption und die Transmission der Transportschichten bestimmt werden. Auch optische Effekte, die im Bauelement auftreten, müssen untersucht werden.

Absorption und Transmission

Die Transmissions- und Absorptionsmessung wird mit einem UV/VIS/NIR-Spektrometer (lambda 1050, Perkin Elmer) durchgeführt. Der schematische Aufbau des Geräts wird in Abbildung 3.16 dargestellt. Ein monochromatischer Lichtstrahl wird in zwei Teilstrahle aufgeteilt. Einer wird durch das Referenz-Substrat geleitet, der andere durch die zu messende Probe. Die Intensitäten beider Strahlen werden nach dem Durchlaufen des Referenz-Substrats bzw. der Probe mit zwei Detektoren gemessen und miteinander verglichen. Um nicht nur das transmittierte, sondern auch das gestreute Licht zu detektieren, kann die Probe auch vor eine Ulbricht-Kugel montiert werden.

Photolumineszenz

Die Photolumineszenz-Messung (PL) ist eine wertvolle Methode, um optische Effekte von elektrischen zu trennen. Dabei werden die Proben durch einen Laser optisch angeregt. Durch einen direkten Vergleich zur Referenz-Probe kann der verursachte Effekt untersucht werden. In dieser Arbeit wurde die PL-Messung mit zwei unterschiedlichen Messplätzen durchgeführt. Für die Bestimmung der Phosphoreszenz wurde ein Messplatz mit einem Nd:YAG-Laser (kurz für

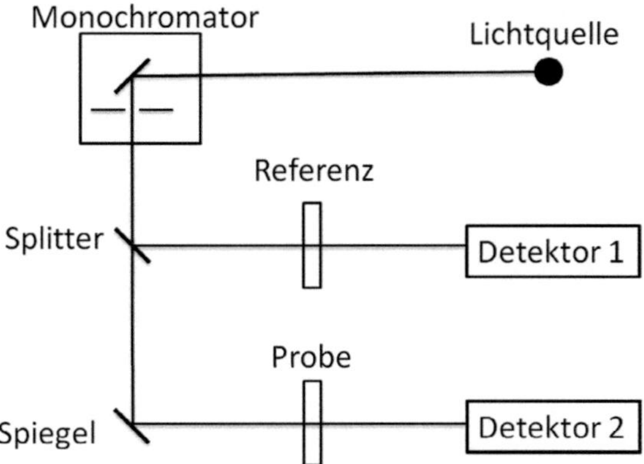

Bild 3.16.: Schematischer Aufbau eines Spektrometers. Monochromatisches Licht wird in zwei Kanälen parallel geführt. In einem Strahlengang wird die Referenz fixiert, in dem anderen wird die Probe eingelegt. Aus dem Unterschied der Intensitäten wird die Transmission berechnet.

Neodym-dotierter Yttrium-Aluminium-Granat-Laser) mit einer Wellenlänge von 355 nm benutzt. Der Aufbau des Messplatzes wird in Abbildung 3.17 dargestellt. Die Leistung des Lasers wird mit einer Photodiode detektiert und über eine Software geregelt.

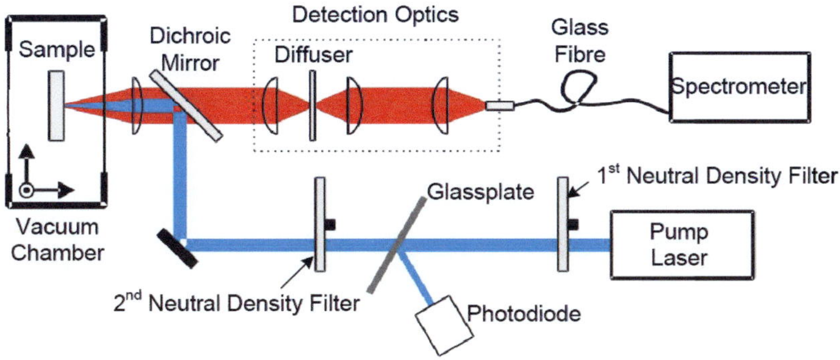

Bild 3.17.: Schematischer Aufbau des PL-Messplatzes [111]. Ein Laser mit einem sehr kurzen Impuls wird durch ein optisches System auf die zu untersuchende Probe fokussiert. Nach der Absorption kann die Probe emittieren. Die Abstrahlung der Probe wird durch ein anderes optisches System und eine Glasfaser in ein Spektrometer geleitet und dort verarbeitet.

Die Frequenz des Lasers kann von 600 Hz bis 20 kHz variiert werden. Die Laser-Leistung kann von dem zweiten Neutraldichtefilter manuell gesteuert werden. Danach wird der Laser durch das Linsen-System in eine Vakuum-Kammer fokussiert, in der die Probe positioniert wird. Nach der Absorption und Emission durch die Probe werden die Spektren durch eine Glas-Faser auf eine CCD-Kamera (Princeton Instruments Pi-Max5112) geleitet.

Goniometer

Zur Bestimmung der winkelaufgelösten Abstrahlcharakteristik einer OLED wird das Goniometer verwendet, Abbildung 3.18. Das Drehtisch-Goniometer besteht aus zwei senkrecht aufeinander montierten Drehtischen (Newport URS-100BPP). Auf einem befestigen Tisch wird das Linsen-System fixiert, das die Abstrahlung der OLED misst. Auf dem anderen drehbaren Tisch werden die Proben und die

Glasfaser positioniert, wobei der anregende Laser über die Glasfaser das Substrat immer senkrecht bestrahlt.

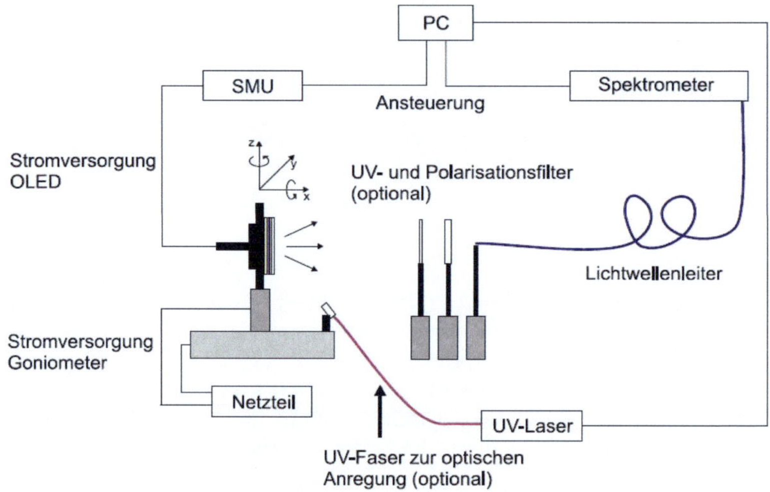

Bild 3.18.: Schematischer Aufbau des Goniometers. Die winkelaufgelöste Abstrahlcharakteristik wird durch die Rotation der Probe durchgeführt [145].

Die Proben werden mit einem UV-Laser der Firma Newport bei 349 nm (Explorer Scientific All Solid State UV Laser, EXPL-349-120-CDRH) angeregt. Die Laser-Strahlung wird durch das optische System auf das Substrat mit einem Fleck von ca. 3 mm Durchmesser fokussiert. Nach der Absorption des Lichts wird die Emission der Probe mit einer CCD-Kamera gemessen. Das winkelaufgelöste Abstrahlverhalten der OLED kann auch durch elektrische Anregung an diesem Messplatz untersucht werden.

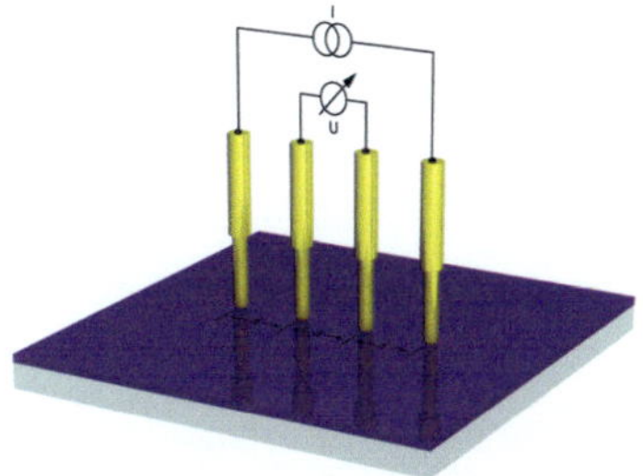

Bild 3.19.: Messung des Flächenwiderstands durch den 4-Punkt-Messplatz. Die äquidistante Anordnung der 4 Messspitzen vereinfacht die Berechnung des Flächenwiderstands [29].

3.3.3. Elektrische Eigenschaften

Leitfähigkeit

Die Leitfähigkeit eines dünnen Filmes kann durch die Messung des Flächenwiderstandes, Abbildung 3.19, und der Schichtdicke bestimmt werden. Der Flächenwiderstand ist der Widerstand eines Quadrats gleicher Länge l und Breite w (l=w). Der Flächenwiderstand lässt sich wie folgt definieren:

$$R = \frac{\rho \cdot l}{w \cdot d} = \frac{\rho}{d} = R_{\square} \qquad (3.4)$$

Der Widerstand lässt sich durch den Spannungsabfall bei angelegtem Strom (R=U/I) berechnen.

Die Leitfähigkeit ist der Kehrwert des spezifischen Widerstands. Der Zusammenhang mit dem Flächenwiderstand und der Schichtdicke lässt sich folgendermaßen definieren:

$$\sigma = \frac{1}{R_{\square} \cdot d} \qquad (3.5)$$

wobei σ, $R_\square$ und d die Leitfähigkeit, den Flächenwiderstand bzw. die Schichtdicke darstellen. Während die Schichtdicke mit dem bereits vorgestellten Profilometer bestimmt werden kann, erfolgt die Messung des Flächenwiderstands an einem 4-Punkt-Messplatz. Dabei wird mit vier äquidistanten Messspitzen gemessen. Wird ein Strom durch die beiden äußeren Messspitzen zugeführt, fällt eine Spannung zwischen den zwei inneren Kontaktstiften ab. Der Strom und die Spannung können mit einem oder zwei signalgebenden Source-Meter-Unit (SMUs) gemessen werden. Wenn die Fläche der Messprobe viel größer ist als der Abstand der Messspitzen, kann der Flächenwiderstand folgendermaßen berechnet werden:

$$R_\square = \frac{U}{I} \cdot \frac{\pi}{\ln 2} \approx \frac{U}{I} \cdot 4,53 \qquad (3.6)$$

OCS-Messplatz

Die Elektrolumineszenz der OLEDs wird an einem von Alexander Colsmann und Martin Punke entwickelten Messplatz bestimmt [29]. Neben der Aufnahme der JV-Kennlinie kann auch die Leuchtdichte der OLEDs gemessen werden.

3.3.4. Seebeck-Koeffizient

Zur Charakterisierung der thermoelektrischen Eigenschaften der organischen TEGs müssen die Seebeck-Koeffizienten ermittelt werden. Zu diesem Zweck wurde im Rahmen dieser Arbeit ein Seebeck-Messplatz entwickelt. Der Seebeck-Koeffizient lässt sich durch die Messung der durch einen angelegten Temperaturgradienten entstehenden Spannung bestimmen. Deswegen wurde ein Messplatz aufgebaut, der einen Temperaturgradienten zwischen zwei Enden eines Substrats erzeugt. Der Messplatz besteht aus einem Aluminiumblock, der elektrisch isoliert auf einer Platte fix montiert wird, Abbildung

3.20. Die Substrate werden auf den getrennten Peltier-Elementen abgelegt. Diese werden zur Erzeugung des Temperaturgradienten verwendet, indem sie von einem Peltier-Controller vom Typ QC-PC-OS-08G der Firma Quickcool gesteuert werden. Die Messung der Temperaturen wird mit Kontaktfühlern vom Typ PT-100 durchgeführt. Die Messspitzen können auf der Probe durch zwei drehbare Arme positioniert und abgesenkt werden. Die Höhe kann mit Mikrometer-Schrauben justiert werden. Die Spannung wird mit einem Nanovoltmeter vom Typ 2182 A der Firma Keithley gemessen.

Bild 3.20.: Seebeck-Messplatz zur Bestimmung des Seebeck-Koeffizienten. Der Temperaturgradient wird durch Aufheizen einer Seite erzeugt. Die abgegriffene Spannung wird durch ein Nanovolt-Meter und die Temperaturen durch die Temperaturfühler gemessen.

In vielen schwach dotierten Schichten können Ladungsträger in Störstellen gefangen werden, aus denen sie durch thermische Energie befreit werden und zur elektrischen und thermischen Leitung beitragen können. Es ist deswegen sinnvoll, für die dotierten Schichten elektrische Leitfähigkeit in Abhängigkeit der Temperatur zu messen. Für diesen Zweck wurden an den zwei Armen vier elektrische Messspitzen angebracht. Diese ermöglichen die Messung des Flächenwiderstandes am Messplatz. Somit kann sowohl der Seebeck-Koeffizient eines Materials als auch dessen elektrischen Leitfähigkeit innerhalb eines Messplatzes bestimmt werden.

4. Organische Leuchtdioden

Ein Überblick über die Entwicklung der organischen Leuchtdioden (engl. organic light emitting diodes, OLEDs) in den letzten Jahren wurde bereits in Kapitel 1 gegeben. Dort wurde festgehalten, dass gleichzeitig mit der Erhöhung der Effizienz der OLEDs die Herstellungskosten stark gesenkt werden müssen. In dieser Arbeit werden kostengünstige Prozesse für die Herstellung von effizienten OLEDs entwickelt. Um in Zukunft geringere Herstellungskosten sicher zu stellen, werden daher vor allem flüssigprozessierbare funktionale Schichten in der OLED eingesetzt. Hohen OLED-Effizienten stehen meist verschiedene Verlustmechanismen wie nichtstrahlende Rekombination oder energetische Barrieren für Ladungsträger entgegen. In diesem Kapitel wird gezeigt, dass viele Verluste durch den Einsatz geeigneter funktionaler Schichten vermieden oder minimiert werden können. Ein wichtiger Bauelement-Parameter zur Überwachung der Verluste ist die Betriebsspannung der OLED. Damit die Spannung minimiert wird, müssen ohmsche Kontakte zwischen den Elektroden und den organischen Schichten einerseits, aber andererseits auch zwischen den organischen Schichten untereinander, sichergestellt werden. In der Regel werden hierfür geeignete Injektionsschichten verwendet. Rekombinations-Verluste können in der Emissionsschicht oder an der Grenze zu den Elektroden auftreten. Durch die Verwendung eines Triplett-Emitters kann die Quanteneffizienz der OLED erhöht und somit der Verlust durch nichtstrahlende Rekombination reduziert werden. Insbesondere bei flüssigprozessierten Materialsystemen, die zur molekularen Clusterbildung neigen, spielt dabei auch die Morphologie der Emitterschicht eine große Rolle. Die Verwendung eines Triplett-Emitters alleine garantiert jedoch noch keine hocheffiziente OLED. Zur Optimierung der OLED bzw. einer Maximierung der Effizienz muss vielmehr eine passende Bauelement-Architektur aus unterschiedlichen Schichten entwickelt werden. Neben den oben genannten Verlusten können Verluste durch nichtstrahlende Rekombination an Moleküldefekten in organischen Schichten eine Rolle spielen. Diese Verluste können durch die Verwendung von niedermolekularen Materialien minimiert werden, die mit sehr hoher Reinheit hergestellt werden können. Während für die Flüssigprozessierung von OLEDs typischerweise Polymere heran gezogen werden, werden aus diesem Grund in diesem Kapitel nur Schichten aus kleinen Molekülen untersucht.

4.1. Injektionsschichten

Die einfachste OLED-Architektur besteht aus einer Emissionsschicht zwischen zwei Elektroden (siehe Kapitel 2.3.4). Um die OLEDs zu betreiben, müssen aufgrund der nichtangepassten Energieniveaus in aller Regel hohe Spannungen angelegt werden. Löcher müssen bei der Injektion typischerweise einen signifikanten Potenzial-Unterschied zwischen dem HOMO der Emissionsschicht (EML) (typ. $> 5{,}0$ eV) und der Austrittsarbeit von ITO (je nach Vorbehandlung 4,6-5.0 eV, [62,96,133]) überwinden. Damit die Löcher aus der ITO-Elektrode in die Emissionsschicht injiziert werden können, wird daher eine zusätzliche Spannung benötigt, die dieser Potenzialdifferenz entspricht. Auch für die Elektronen kann sich eine Injektionsbarriere bilden, wenn eine Kathode mit einer zu hohen Austrittsarbeit gewählt wird. Die in diesem Fall für den Betrieb der OLED zusätzlich benötigten Spannungen reduzieren die Power efficiency. Durch das Einbauen von Injektionssschichten können ohmsche Kontakte zwischen den organischen Funktionsschichten und den Elektroden hergestellt werden. Dies verringert die anzulegende Spannung und erhöht somit die Effizienz. Die Auftragung mehrerer Schichten aus der Flüssigphase ist nicht einfach, weil die folgenden Beschichtungen die unteren Schichten ablösen oder negativ beeinflussen können. Im Folgenden wird ausgehend von einer Zwei-Schicht-OLED eine sukzessive Verbesserung der OLED durch das Einfügen weiterer Schichten erreicht.

4.1.1. Löcher-Injektionsschichten

Zuerst werden Referenz-OLEDs aus zwei Elektroden und zwei organischen Schichten (Anode / Löcher-Injektionsschicht (HIL) / Emissionsschicht (EML) /Kathode) realisiert. Hierzu wird eine konventionelle Beschichtung der organischen Schichten aus orthogonalen Lösungsmitteln durchgeführt. Als HIL kommt das vielfach benutzte und gut untersuchte Poly(3,4-ethylendioxythiophene):poly(styrenesulfonate) (PEDOT:PSS) zum Einsatz. Für die Emissionsschicht wird das von der Firma Merck kommerziell erhältliche SuperYellow verwendet. Die OLEDs werden entsprechend einer ITO/PEDOT:PSS/SuperYellow/LiF/Al Bauelementarchitektur gefertigt, wobei das Polymer PEDOT:PSS in Wasser (polares Lösungsmittel) und SuperYellow in Toluol (unpolares Lösungsmittel) gelöst werden, so dass ein Anlösen der bereits applizierten PEDOT:PSS-Schicht bei der Abscheidung von SuperYellow vermieden werden kann. Um die Injektion der Elektronen zu verbessern, wird eine dünne Schicht (0,7 nm) aus LiF aufgedampft, welche einen Dipol an der Grenze zwischen organischer Schicht und Aluminium-Kathode bildet (siehe Kapitel 2.2). Der Dipol bewirkt ein Angleichen des Ladungsträger-Transportniveaus und somit einen ohmschen Kontakt. Die Injektion der Löcher wird durch die p-dotierte PEDOT:PSS-Schicht verbessert. Jedoch besitzt PEDOT:PSS ein paar unerwünschte Eigenschaften: Die PEDOT:PSS-Lösung ist sauer und greift deswegen beim Auftragen die ITO-Anode an. Auf diese Weise wird Indium frei gesetzt, das in die organischen Schichten hinein diffundieren kann. Das diffundierte Indium bildet im Betrieb der OLED Rekombinationszentren in der aktiven Schicht und reduziert somit die Effizienz der OLED [35, 80]. Darüber hinaus führt die hohe p-Dotierung von PEDOT:PSS zu einem metallischem Charakter der Schicht und damit zu erhöhtem Exzitonen-Quenching [44, 140]. Auch wenn PEDOT:PSS ein sehr etabliertes Materialsystem für die Injektion von Löchern ist, gibt es einen großen Bedarf nach besseren Alternativen. Ganz allgemein kann eine Dotierung von HILs mithilfe von starken Akzeptor-Molekülen realisiert werden [117]. Für die Vakuum-Prozessierung von OLEDs gibt es verschiedene Kombinationen aus Lochtransportschichten und Akzeptoren, die zu einer Dotierung der Transportschicht führen, wie z.B. MTDATA und F_4TCNQ, Abbildung 2.11. Im Folgenden wird ein Weg entwickelt, dieses Materialsystem mittels Flüssigphasen-Prozessen abzuscheiden und auf diese Weise p-dotierte Injektionsschichten zu realisieren. Erste Experimente haben gezeigt, dass F_4TCNQ nur in polaren Lösungsmitteln löslich ist. Im Gegensatz dazu löst sich MTDATA in unpolaren oder sehr schwach polaren Lösungsmitteln wie Dichlorbenzol. Als ideale Lösungsmittelkombination haben sich Aceton für F_4TCNQ und Dichlorbenzol für MTDATA erwiesen, da sich die beiden Lösungsmittel miteinander mischen lassen und somit die Herstellung einer MTDATA:F_4TCNQ-Lösung erlauben. Beide Lösungen, F_4TCNQ in Aceton und MTDATA in Dichlorbenzol, werden zunächst getrennt voneinander angesetzt und dann in einem geeigneten Verhältnis miteinander vermischt. Das optimale Mischungsverhältnis dieses Materialsystems ist aus der Literatur von vakuumprozessierten OLEDs bekannt und wird daher für diese Experimente verwendet. Dieses Vorgehen stellt außerdem eine gute Vergleichbarkeit mit den Literatur-bekannten Schichteigenschaften sicher. Dennoch ist davon auszugehen, dass die Schichteigenschaften nicht a priori identisch zu den vakuumprozessierten Referenzschichten sind, da die Dotierung in einem Vakuum-Prozess besser kontrolliert werden kann. 2009 haben Zhang et al. die Dotierung von poly(2-methoxy-5-(2'-ethylhexyloxy)-pphenylene vinylene) mit F_4TCNQ (MEH-PPV:F_4TCNQ) bei der Schichtdeposition aus der Flüssigphase vorgestellt [193]. Da das Polymer MEH-PPV andere Eigenschaften hat als MTDATA, kommt dieses Materialsystem nicht als Ladungstransportschicht für OLEDs in Frage. Ein weiterer Vorteil des niedermolekularen MTDATAs gegenüber Polymeren ist die größere Reinheit. Zunächst wird nachgewiesen, dass die Dotierung auch bei der Abscheidung der Schicht aus der Flüssigphase funktioniert. Im Fall von vakuumprozessierten Schichten wird dieser Nachweis üblicherweise mittels Infrarot-Spektroskopie geführt. Durch den Übergang von Ladungen zwischen Donator und Akzeptor entstehen neue Absorptionsbanden im sichtbaren oder infraroten Spektralbereich [23]. Dieser experimentelle Nachweis der Dotierung wird auch für andere Materialsysteme und Dotiermechanismen wie z.B. Dotierungen mit einem Metalloxid (N,N' -diphenyl-N,N'-bis (1,1'-biphenyl)-4,4'-diamine:Rhenium Oxid) (NPB:ReO_3) [103] oder mit einem organischen Akzeptor (N,N'-di-1-naphthyl-N,N'-diphenyl-1,1'-biphenyl-4,4' diamine : 1,3,4,5,7,8-hexafluorotetracyanonaphthoquinodimethane) (α-NPD:F_6TNAP) [91] eingesetzt, und zeigen ähnliche Absorptionsbanden im Sichtbaren und im Infraroten, Abbildung 4.1.

Abbildung 4.1a zeigt die Veränderung der Extinktion von α-NPD bei Dotierung mit dem Akzeptor F_6TNAP und Abbildung 4.1b die Veränderung der Extinktion bei Dotierung von NPB:ReO_3. Da α-NPD und NPB ein ähnliches HOMO aufweisen wie MTDATA und F_6TNAP strukturell sehr ähnlich zu F_4TCNQ ist, ist zu erwarten, dass ähnliche Absorptionsbanden in MTDATA:F_4TCNQ auftreten, wenn die Dotierung erfolgreich war.

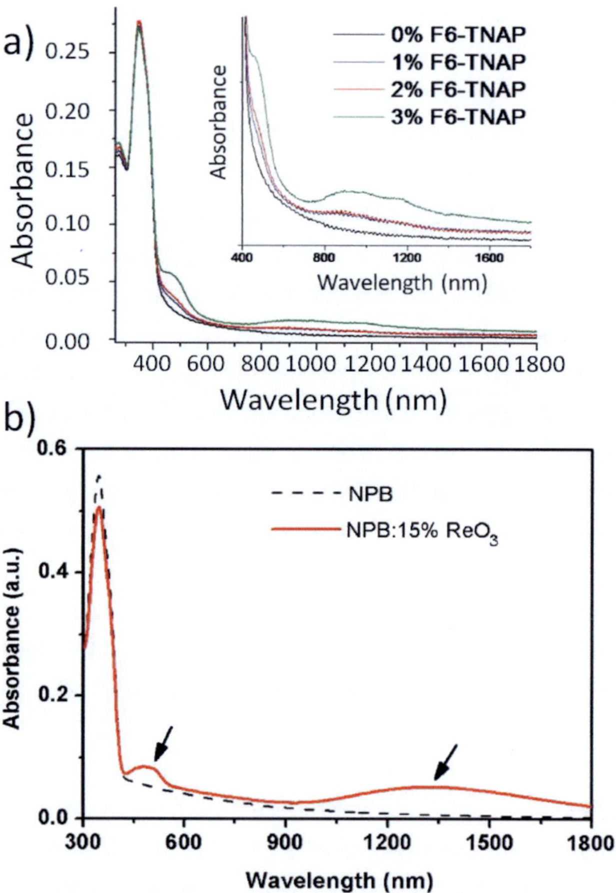

Bild 4.1.: Die Veränderung der Extinktion bei (a) der Dotierung von α-NPD mit F$_6$TNAP [91] und (b) von NPB mit ReO$_3$ [103].

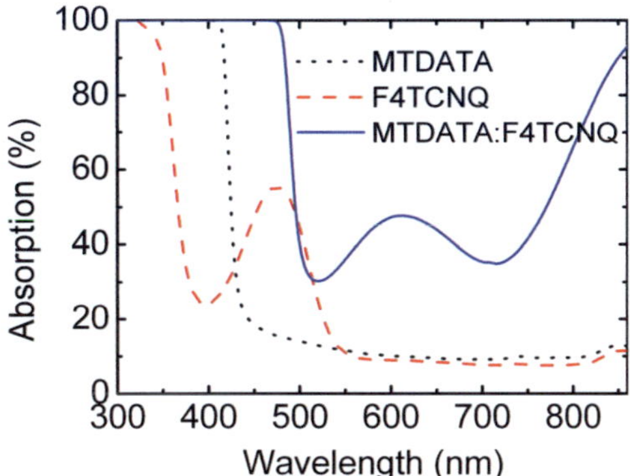

Bild 4.2.: Vergleich der Absorption von MTDATA, F_4TCNQ und MTDATA:F_4TCNQ. MTDATA absorbiert kaum im sichtbaren Bereich (schwarz-gepunktete Kurve). F_4TCNQ hat nur einen kleinen Absorptionspeak im blauen Spektralbereich (rotgestrichelte Kurve). Durch die Entstehung neuer Absorptionsbanden entstehen neue Peaks im Sichtbaren und Infraroten (blaue Kurve).

Abbildung 4.2 zeigt die Absorptionsspektren von MTDATA, F_4TCNQ und MTDATA:F_4TCNQ. Die in MTDATA:F_4TCNQ neu gebildeten Absorptionsbanden deuten auf einen Ladungstransfer zwischen MTDATA und F_4TCNQ hin. Während MTDATA und F_4TCNQ nur eine Absorptionsbande bei 440 nm bzw. 500 nm aufweisen, zeigt das dotierte System weitere Peaks bei 620 nm und 860 nm. Auch im Fall der Dotierung α-NPD:F_6TNAP konnten Absorptionsbanden im sichtbaren und infraroten Spektralbereich beobachtet werden. Dies lässt den Schluss zu, dass die Dotierung von MTDATA:F_4TCNQ auch in der Flüssigphase funktioniert. Nachdem die Dotierung nachgewiesen wurde, werden die MTDATA:F_4TCNQ-Schichten als HILs in OLEDs integriert und mit Referenz-OLEDs mit einer PEDOT:PSS-Schicht verglichen. Die Architekturen und die Schichtdicken der verschiedenen OLEDs werden in Tabelle 4.1 zusammengefasst.

OLED	Architektur	Schichtdicke(nm)
A	ITO/SuperYellow/LiF/Al	125/55/0,7/200
B	ITO/PEDOT:PSS/ SuperYellow/LiF/Al	125/15/55/0,7/200
C	ITO/MTDATA:F_4TCNQ/ SuperYellow/LiF/Al	125/15/55/0,7/200

Tabelle 4.1.: OLED-Architekturen zur Untersuchung des Einflusses der Lochinjektionsschichten auf die optoelektronischen Eigenschaften der OLEDs.

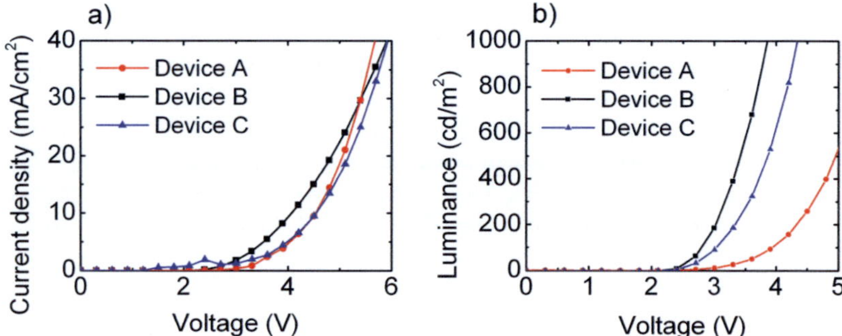

Bild 4.3.: Durch das Einbringen eines HIL wird die Einsatzspannung der OLEDs reduziert. Grund hierfür ist das Absenken der Injektionsbarriere zwischen ITO und SuperYellow durch die Verwendung eines HILs.

Die JV-Kennlinien in Abbildung 4.3a belegen, dass alle Bauelemente ausgeprägte Dioden-Eigenschaften besitzen. Die drei Bauelemente A, B und C zeigen keinen wesentlichen Unterschied, obwohl im Bauelement A eine Loch-Injektionsschicht fehlt. Die Erklärung dafür wird in Abbildung 4.4 ersichtlich.

Abbildung 4.4a zeigt, dass die Injektion von Elektronen bei der kleinen Spannung problemlos funktioniert. Wenn die angelegte Spannung größer ist als die Potenzialdifferenz zwischen der Austrittsarbeit der Kathode und dem LUMO von SuperYellow, können Elektronen

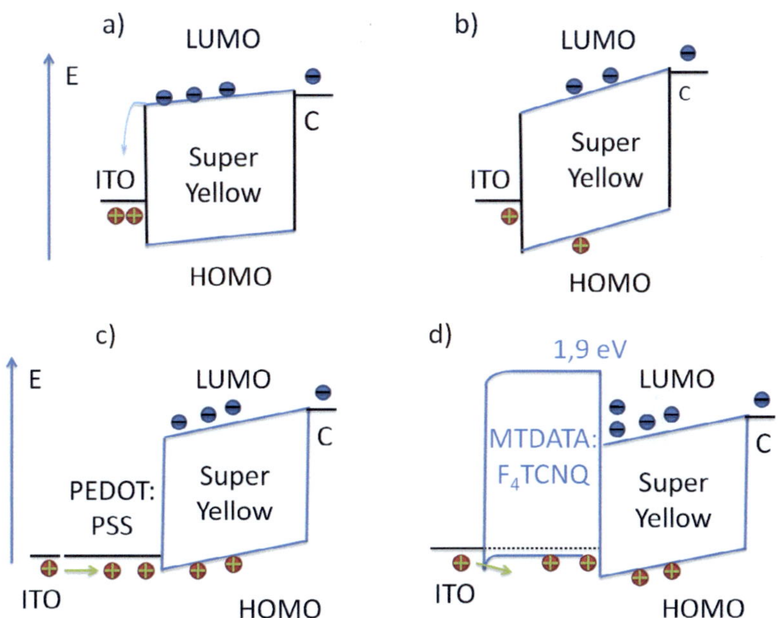

Bild 4.4.: Funktionsweise der Injektionsschicht. Durch das Einbringen einer Injektionsschicht wird einerseits die Band-Biegung verringert und es werden bei gleichzeitiger Elektronen-Blockfunktion die Elektronen in der Emissionsschicht gehalten. Auf diese Weise wird die nichtstrahlende Rekombination in der Elektrode reduziert.

in das Bauelement injiziert werden. Deshalb fließt der Strom durch das Bauelement A schon bei kleinen Spannungen. Obwohl alle drei Bauelemente ähnliche JV-Kennlinien aufweisen, leuchtet das Bauelement A erst bei höheren Spannungen, Abbildung 4.3b. Dies kann anhand der Abbildung 4.4b erklärt werden. Damit Photonen erzeugt werden, müssen Elektronen und Löcher in der Emissionsschicht miteinander strahlend rekombinieren. Um die Löcher in die Emissionsschicht zu injizieren, muss zusätzlich zur Spannung in Abbildung 4.4a und der Spannung $e \cdot E_{gap}$ eine Spannung angelegt werden, die der potentiellen Barriere für die Löcher vom ITO zum HOMO von SuperYellow entspricht. Weil ITO eine niedrige Austrittsarbeit (4,6-5,0 eV) besitzt, entsteht für Löcher eine potentielle Barriere zum HOMO von SuperYellow (5,4 eV [171]). Wie in den Kapiteln 2.3.7 und 2.2 erläutert wurde, kann die Barriere durch das Einbringen einer HIL Schicht verringert werden. Aufgrund des energetischen Ausrichtens der Austrittsarbeit von ITO und dem Fermi-Niveau des HILs wird die Injektionsbarriere für Löcher minimiert, Abbildung 4.4c und d. Der Unterschied zwischen den beiden JV-Kurven von Bauelement B und Bauelement C kann darin begründet sein, dass die Dotierung in MTDATA:F$_4$TCNQ zu schwach ist und das Fermi-Niveaus von MTDATA:F$_4$TCNQ deswegen nicht ausreichend nah am HOMO von MTDATA liegt. Jedoch ist die elektrische Beschreibung alleine unzureichend, um den Nutzen der MTDATA:F$_4$TCNQ-Schicht für eine OLED zu bewerten. Auch die Elektrolumineszenz muss untersucht werden. Sie liefert Informationen, wie gut die Ladungsträger im Bauelement rekombinieren.

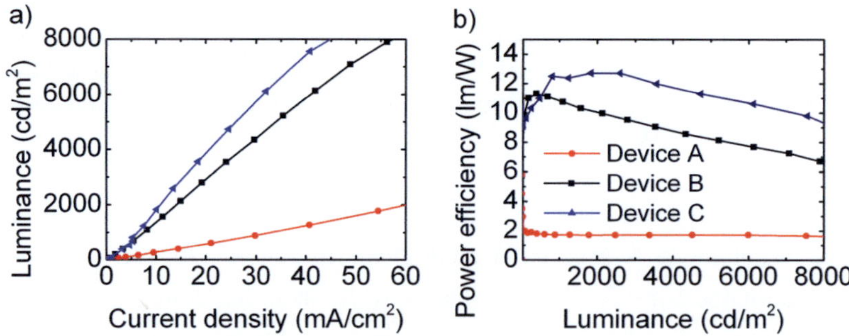

Bild 4.5.: Das Bauelement mit einem HIL aus MTDATA:F$_4$TCNQ zeigt die beste Power Efficiency.

Die Abbildung 4.5 zeigt einen großen Unterschied der Elektrolumineszenz zwischen drei Bauelementen. Um den Unterschied in Abbildung 4.5a zu erklären, wird noch einmal auf die Abbildung 4.4 verwiesen. Abbildung 4.4a zeigt, dass ein Dunkelstrom bei kleinen Spannungen fließt. Aus diesem Grund leuchtet Bauelement A bei geringer Stromdichte schlecht. Außerdem sind die Rekombinations-Verluste in der ITO-Anode groß, so dass Bauelement A im Vergleich zu Bauelement B und Bauelement C schwächer leuchtet.

Die Reduzierung der Rekombinationsverluste kann durch die zusätzliche Blockfunktion von MTDATA:F_4TCNQ erreicht werden. MTDATA:F_4TCNQ hat mit 1,9 eV sehr hohe LUMO-Energieniveaus [58]. Dies wird in Abbildung 4.4d veranschaulicht. Es gibt einen Unterschied zwischen den Bauelementen mit PEDOT:PSS oder MTDATA:F_4TCNQ HILs wie aus Abbildung 4.5 ersichtlich. Es wurde in der Literatur gezeigt, dass der hohe Dotierungsgrad von PEDOT:PSS zu signifikantem Exzitonen-Quenching an der Grenzfläche führt [137]. Dieses Quenching schlägt sich in der Effizienz der OLED nieder und kann den Unterschied zwischen PEDOT:PSS und MTDATA:F_4TCNQ verursachen.

Wie zuvor erwähnt, wurde das Dotierverhältnis von 2 mol.% F_4TCNQ in MTDATA für die Vakuum-Prozessierung des Materialsystems optimiert. Es ist jedoch denkbar, dass bei der Deposition aus der Flüssigphase das optimale Dotierverhältnis aufgrund von Molekül-Aggregation oder anderen Effekten von diesen Werten abweicht. Aus diesem Grund wird das Dotierverhältnis im Folgenden für die Flüssigprozessierung der Schicht optimiert. Eine schwache Dotierung von MTDATA:F_4TCNQ führt lediglich zu einer zu geringen Verschiebung des Fermi-Niveaus. Die OLED zeigt dann eine höhere Einsatz-Spannung. Eine zu starke Dotierung andererseits kann zu einem Quenching der Ladungsträger führen oder aber aufgrund von Störungen der molekularen Ordnung zu einer Verringerung der Leitfähigkeit der Schicht führen.

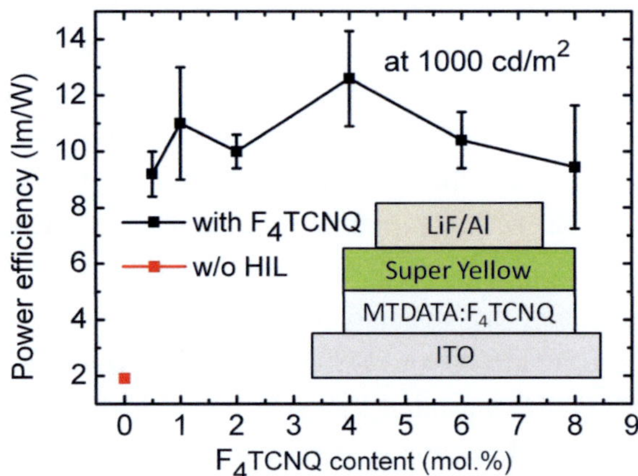

Bild 4.6.: Die besten OLED-Eigenschaften werden bei einer 4 mol.%igen Dotierung von F$_4$TCNQ in MTDATA erzielt.

Die besten OLED-Eigenschaften wurden bei einem Dotierverhältnis 4 mol.% von F$_4$TCNQ in MTDATA gefunden, Abbildung 4.6. Es werden dafür die JV-Kennlinie und die Lumineszenzeigenschaft der OLEDs betrachtet. Zuerst werden die JV-Kennlinien von OLEDs mit HILs mit verschiedenen Dotier-Verhältnissen analysiert, Abbildung 4.7a. Bei geringen Mengen von F$_4$TCNQ ist die Dotierung nicht stark genug um einen ohmschen Kontakt zur Elektrode aufzubauen. Die JV-Kurven von OLEDs mit HILs mit einer Dotierung von 0,5 mol% bis 2 mol% werden zu kleineren Spannungen hin verschoben, Abbildung 4.7a. Im Fall einer höheren Dotierung von F$_4$TCNQ in MTDATA verschieben sich die Kurven kaum noch.

Für höhere Dotierungen als 4 mol.% konnte keine Verbesserung der OLED-Eigenschaften festgestellt werden. Im Gegenteil, die Leuchtdichte der OLEDs wird abgesenkt, wenn das Dotierungsverhältnis höher als 4 mol% ist, Abbildung 4.7b. Bei zu hohen Dotierungen be-

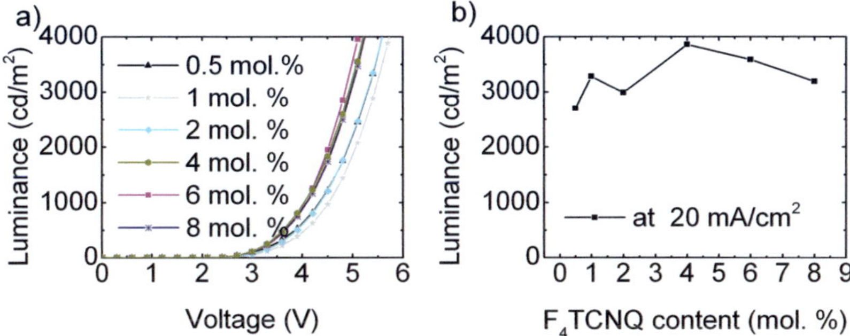

Bild 4.7.: Ein Optimum der optoelektronischen Eigenschaften der OLEDs wird bei der Dotierung mit 4 mol. % von F_4TCNQ in MTDATA erreicht.

steht die Gefahr, dass die Exzitonen in der Nähe gequencht werden und somit strahlungslos rekombinieren. Die meisten Ladungsträger werden in dieser OLED-Architektur bei einer konstanten Stromdichte ($20\ mA/cm^2$) und einer Dotierkonzentration von 4 mol % in Licht umgewandelt.

4.1.2. Elektronen-Injektionsschichten (EIL)

Nachdem der ohmsche Kontakt an der Grenze zur Anode für flüssigprozessierte Systeme optimiert wurde, wird eine ähnliche Optimierung kathodenseitig durchgeführt. Hierbei besteht die Schwierigkeit vor allem darin, drei Schichten - eine HIL, eine Emissionsschicht und eine Elektronen-Injektionsschicht (EIL) - aufeinander abzuscheiden. Die Wahrscheinlichkeit, eine bereits applizierte Schicht wieder anzulösen, wächst mit der Zahl der deponierten Schichten. Ein Ausweg zur Herstellung einer dreischichtigen OLED ist die Verwendung eines vernetzbaren oder löslichkeits-veränderbaren Emitters. Es ist aus der Literatur bekannt, dass SuperYellow bei hohen Temperaturen seine Löslichkeitsgruppen abspaltet und somit in den meisten Lösungsmitteln unlöslich wird. Diese Nachbehandlung der Schicht hat jedoch Auswirkungen auf alle bereits applizierten Schichten. PEDOT:PSS wird daher als HIL benutzt, weil PEDOT:PSS bis zu 150°C und unter UV-Beleuchtung stabil ist. Als Referenz werden zunächst OLEDs ohne EIL, aber mit verschiedenen Kathoden gebaut (ITO/PEDOT:PSS/SuperYellow/Kathode), Abbildung 4.8.

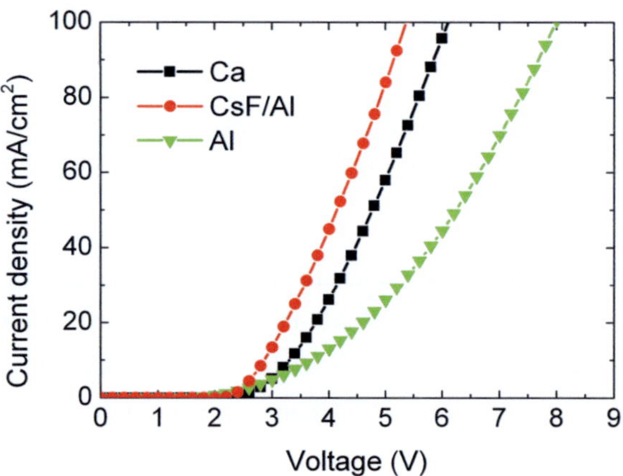

Bild 4.8.: JV-Kennlinien von OLEDs mit unterschiedlichen Kathoden. OLEDs mit Aluminium-Kathode weisen eine höhere Einsatz-Spannung auf.

Abbildung 4.8 zeigt die JV-Kennlinien und die Einsatz-Spannungen dreier Bauelemente. In diesem Experiment wurde nur die Elektrode variiert. Der Unterschied zwischen den Einsatz-Spannungen kann durch die Unterschiede der Austrittsarbeiten der Kathoden-Materialien erklärt werden. Im Falle einer Aluminium-Kathode mit einer Austrittsarbeit von 4,3 eV ist die Barriere bei der Injektion von Elektronen in das LUMO (3 eV) von SuperYellow sehr hoch, Abbildung 4.9a. Um die Elektronen ins Bauelement verlustfrei injizieren zu können, gibt es drei Herangehensweisen: Die Injektionsbarriere kann durch die Verwendung eines Metalls mit niedriger Austrittsarbeit, Abbildung

4.9b, durch eine dünne Dipol-Schicht, Abbildung 4.9c oder durch das Einbauen einer n-dotierten Schicht, Abbildung 4.9d, verringert werden.

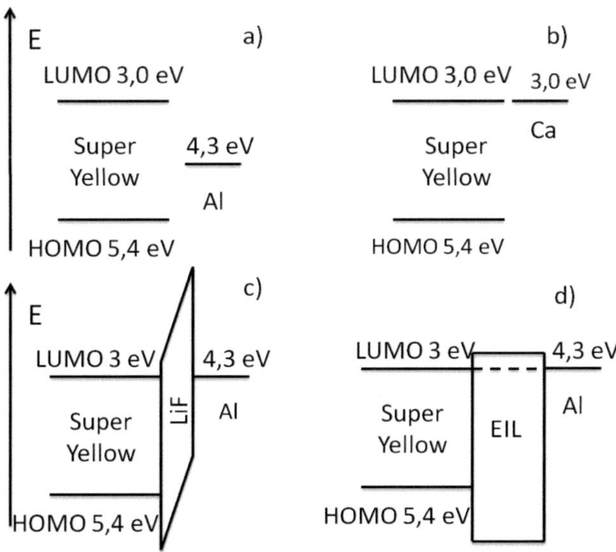

Bild 4.9.: Minimierung der Potenzialbarriere durch die Verwendung einer geeigneten Kathode. (a) Es entsteht eine große Barriere bei der Verwendung von Aluminium. (b) Die Barriere ist deutlich geringer bei Verwendung einer Ca-Kathode, einer dünnen Dipol-Schicht (c) aus LiF oder (d) einer n-dotierten Schicht.

Unter ambienten Bedingungen ist eine Kathode aus Kalzium nicht stabil, da sie von Luftsauerstoff und Feuchtigkeit oxidiert wird. Die Verwendung von Kalzium erfordert zusätzlich eine gute Verkapselung. Dies ist nicht der Fall bei Verwendung einer dünnen LiF-Schicht. Trotzdem zeigen Bauelemente mit dieser Architektur einen großen Dunkel-Strom. Alternativ kann eine Elektronen-Injektionsschicht zwischen Kathode und Emissionsschicht aufgebracht werden. Für das Referenz-Bauelement geschieht dies hier zunächst durch thermische

Verdampfung. Obwohl die EIL-Schicht aufgrund der erhöhten Zustandsdichte im dotierten Halbleiter die Löcher nicht effizient blocken kann, zeigt sie eine Verbesserung der OLED im Vergleich zu den anderen Varianten. Im Folgenden wird ein neues, flüssigprozessierbares Materialsystem, eine Mischung aus BPhen und CsF, zur Verwendung als EIL in OLEDs untersucht. Der große Vorteil dieser Materialkombination ist die Lösbarkeit in dem polaren Lösemittel Ethanol, das die bereits applizierten Schichten aus PEDOT:PSS und SuperYellow nicht angreift. BPhen und CsF werden zunächst getrennt in Ethanol mit gleicher Konzentration (3mg/ml) angesetzt und dann im gewünschten Verhältnis miteinander gemischt. Es hat sich gezeigt, dass die OLED effizienter funktioniert, wenn sie vor der Applikation des BPhen:CsF-Gemischs bei 90°C für 5 Minuten vorbehandelt wird.

Die Ergebnisse in Abbildung 4.10 zeigen, dass die besten OLEDs mit einer EIL-Schicht aus BPhen:CsF realisiert werden können. Es ist zu beobachten, dass die höchsten Bauelementströme durch die Verwendung von CsF als eigene Schicht oder als BPhen-Beimischung erzielt werden. Ursache hierfür ist die Bildung eines Dipols an der Aluminium-Elektrode und damit die Ausbildung eines ohmschen Kontaktes. Andererseits ist zu beobachten, dass die Verwendung einer undotierten BPhen-Schicht zu einer deutlichen Reduktion des Stromes führt, was auf einen ausgeprägten Block-Effekt der Schicht und/oder eine schlechte Injektion zurück geführt werden kann. Ein ähnliches Verhalten zeigt sich auch bei der Betrachtung der Elektrolumineszenz in Abbildung 4.10b. Die schlechte Injektion von Elektronen in die BPhen-Schicht führt zu einem Ladungsträger-Ungleichgewicht und somit nur zu geringer Rekombination. Die Verwendung eines CsF-Grenzschichtdipols hingegen stellt eine ausgewogenere Injektion von Elektronen und Löchern sicher, so dass auch die strahlende Rekombination im Bauelement steigt. Die Verwendung der BPhen:CsF-Mischschicht schließlich kombiniert die verbesserte Injektion der Elek-

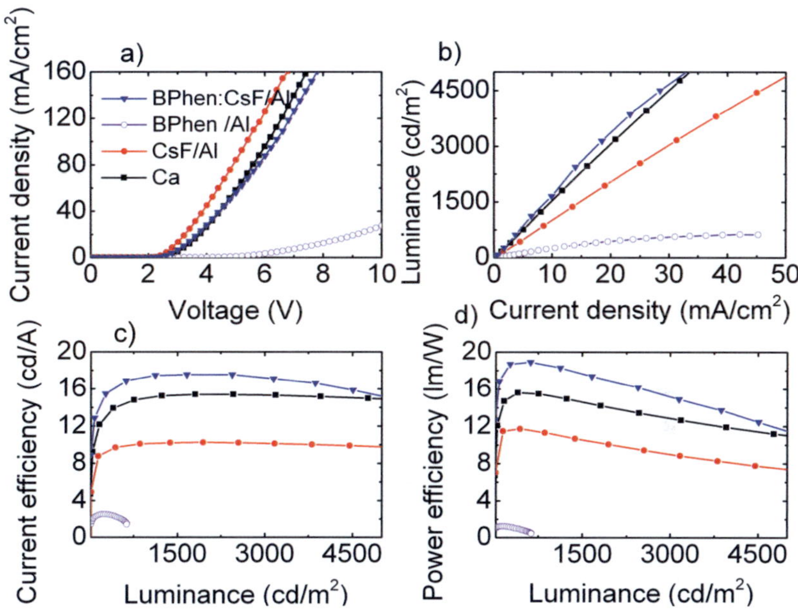

Bild 4.10.: Vergleich der Bauelemente: Die Kombination einer BPhen:CsF-Schicht und einer Aluminium-Kathode ist den Kathoden aus Kalzium oder CsF/Al überlegen.

tronen mit einer effizienten Blockwirkung und ermöglicht somit die in diesem Experiment effizientesten OLEDs. Die Auswirkungen und Mechanismen des Dotierens von organischen Halbleitern mit Salzen wird kontrovers in der Literatur diskutiert. Bei der Dotierung mit Salzen wie Cs_2CO_3 bei der Vakuumbeschichtung wurde gezeigt, dass es sich um eine elektrische Dotierung handelt [17, 79, 101, 120, 161]. Andere Arbeiten an flüssigprozessierten EILs haben gezeigt, dass die Salze zu einem Dipol-Effekt führen [66, 86, 132, 186]. Viele Arbeiten lassen den Leser über die genaue Funktionsweise der Salze im Dunkeln und beschreiben nur das Ergebnis [59, 70, 134, 160]. Die Ergebnisse der vorliegenden Experimente stützen die Theorie der Ausbildung eines Grenzschichtdipols, auch bei Eindotierung der Salze in einen organischen Halbleiter.

In der Tat ist der Nachweis einer elektrischen n-Dotierung an Luft schwierig, da n-dotierte Schichten sehr reaktiv sind. Die optimale Konzentration des Dotanden wird in der Literatur sehr unterschiedlich angegeben. Ferner können Erkenntnisse aus der Literatur über aufgedampfte Schichten nicht ohne Weiteres auf flüssigprozessierte Schichten übertragen werden, da beim Aufdampfen aufgrund der hohen kinetischen Energie der Moleküle und Dotanden verschiedene Reaktionen stattfinden können. Aus diesem Grund wird im Folgenden das Verhältnis von CsF zu BPhen optimiert. Ziel der Optimierung ist u.a. das Herstellen eines ohmschen Kontaktes mit der Aluminium-Elektrode. Ein ohmscher Kontakt ist auch hier wieder in der Einsatzspannung der OLED deutlich erkennbar, Abbildung 4.11. Betrachtet werden OLEDs mit der Architektur ITO/PEDOT:PSS (VPAI 4083, 15 nm)/SuperYellow (55 nm)/BPhen:CsF (20 nm)/Al (200 nm).

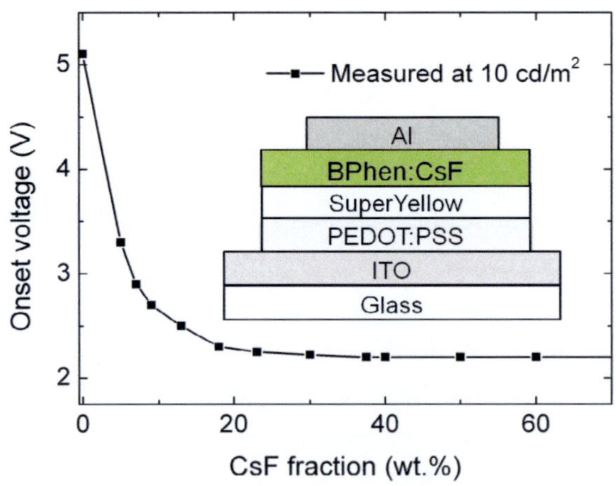

Bild 4.11.: Eine niedrige Einsatz-Spannung von 2,2 V wird für CsF-Konzentrationen von mehr als 20 gew.% erreicht.

Um die Einsatzspannung zu bestimmen, wird an der OLED eine Leuchtdichte von 10 cd/m^2 eingestellt und die Betriebsspannung notiert. Mit steigendem CsF-Gehalt sinkt die Einsatzspannung nach und nach von über 5 V (ohne Zusatz von CsF) auf ca. 2,2 eV bei ca. 20 gew.%. Eine höhere Dotierung von CsF in BPhen verändert die Einsatzspannung nicht mehr messbar. Damit entspricht die Einsatzspannung ziemlich genau der Bandlücke von SuperYellow (E_{LUMO}=-3 eV, E_{HOMO}=-5,4 eV). Dieses Ergebnis legt nahe, dass zwischen den Elektroden und der lichtemittierenden Schicht ein ohmscher Kontakt etabliert wurde und Löcher und Elektronen quasi verlustfrei in die Transport-Energieniveaus injiziert werden können. Erst zu sehr hohen Konzentrationen von CsF in BPhen hin ist wieder eine Erhöhung der Einsatzspannung zu beobachten, da sich die Schicht immer weiter einer reinen CsF-Schicht und somit einem Isolator annähert.

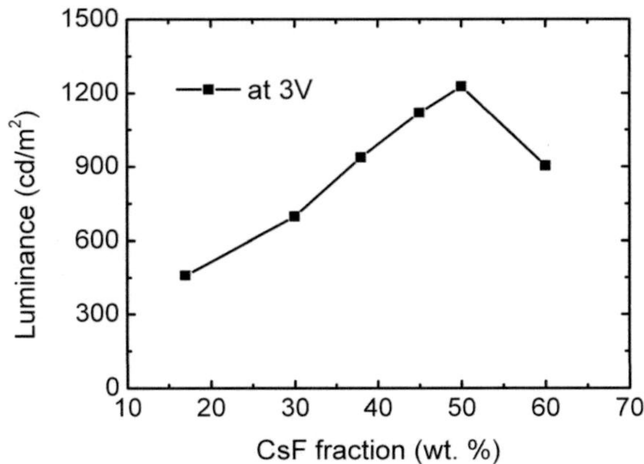

Bild 4.12.: Bereits bei einer Betriebsspannung von 3 V kann bei der Wahl der richtigen CsF-Konzentration (ca. 50 gew.%) eine für die Innenraum-Beleuchtung und Displaytechnik relevante Leuchtdichte von über 1000 cd/m^2 erreicht werden.

Die Einsatzspannung ist ein gutes Maß für die Qualität der Ladungsträger-Injektion in die OLED. Für den Einsatz in realen Anwendungen ist jedoch die Betriebspannung von ebenso großer Bedeutung. Diese beschreibt, welche Spannung notwendig ist, um die OLED bei einer bestimmten Helligkeit bzw. Leuchtdichte zu betreiben. Dies ist besonders relevant für mobile Anwendungen, die nur mit einer kleinen Batterie betrieben werden. Eine typische Betriebsspannung von mobilen Applikationen liegt bei 3 V. Das entspricht zwei seriell verschalteten AAA-Batterien. Bei einer Spannung von 3 V und einer Dotierung von ca. 20 gew.% CsF in BPhen zeigen die OLEDs bereits eine Leuchtdichte von über 450 cd/m^2. Diese Leuchtdichte ist höher als die eines handelsüblichen LCD-Displays (typisch 300 cd/m^2). Für die Innenraumbeleuchtung wird im Allgemeinen eine Leuchtdichte von 1000 cd/m^2 benötigt. Auch diese Forderung kann erfüllt werden, wenn die BPhen-Schicht mit 40 bis 50 gew.% CsF dotiert wird, Abbildung 4.12.

Um die Verbesserung der Leuchtdichte bei unterschiedlichen CsF-Anteilen und konstanter Betriebsspannung (hier: 3 V) zu verstehen, werden die JV-Kennlinie und die Leuchtdichte-Strom-Kennlinie betrachtet. Während die JV-Kennlinie die Injektion und den Transport der Ladungsträger beschreibt, liefert die Leuchtdichte-Strom-Kennlinie Information über die Effizienz der strahlenden Rekombination. Durch den Vergleich beider Kennlinien kann die Kurve in Abbildung 4.12 erklärt werden.

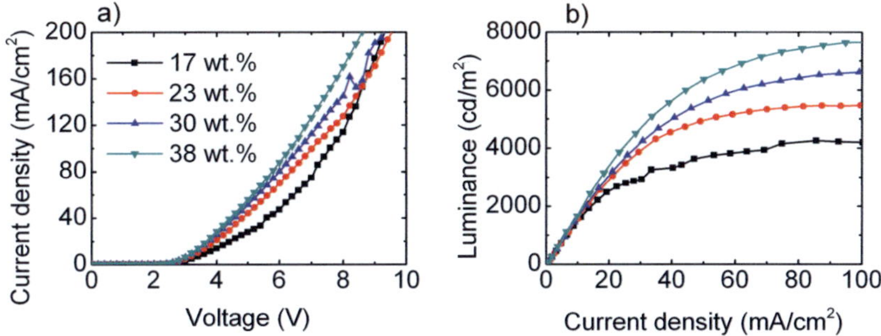

Bild 4.13.: Vergleich der (a) elektrischen Eigenschaften und (b) Leuchtdichten der OLEDs. Die Erhöhung des CsF-Gehaltes in der BPhen-Schicht reduziert die Injektionsbarriere. Gleichzeitig blockt die Schicht Löcher, so dass ein verbessertes Ladungsträger-Gleichgewicht in der OLED herrscht.

Abbildung 4.13a zeigt bei höheren Dotier-Konzentrationen eine Verschiebung der JV-Kennlinie zu höheren Strömen hin. Das heißt, dass eine höhere Stromdichte durch das Bauelement bei gleicher Spannung fließt. Diese Erhöhung der Stromdichte kann auf eine verbesserte Injektion der Elektronen zurückgeführt werden, da die anderen Schichten im Bauelement unverändert bleiben. Abbildung 4.13b zeigt, dass bei gleichbleibender Stromdichte aber wachsendem CsF-Gehalt mehr Licht in der OLED erzeugt wird. Die mögliche Erklärung ist ein verbessertes Ladungsträger-Gleichgewicht in der

Emissionsschicht und somit eine verbesserte strahlende Rekombination. Nicht nur die kleine Betriebsspannung bzw. Einsatz-Spannung sondern auch der Wirkungsgrad einer OLED ist eine sehr wichtige Kenngröße. Die meisten Forschungsarbeiten an OLEDs konzentrieren sich auf die Erhöhung des Wirkungsgrades. Die Power Efficiency und Current Efficiency beschreiben, wie effizient die OLEDs funktionieren. Die Abhängigkeit der Current Efficiency der OLEDs bei verschiedenen CsF-Konzentrationen wird in Abbildung 4.14 gezeigt.

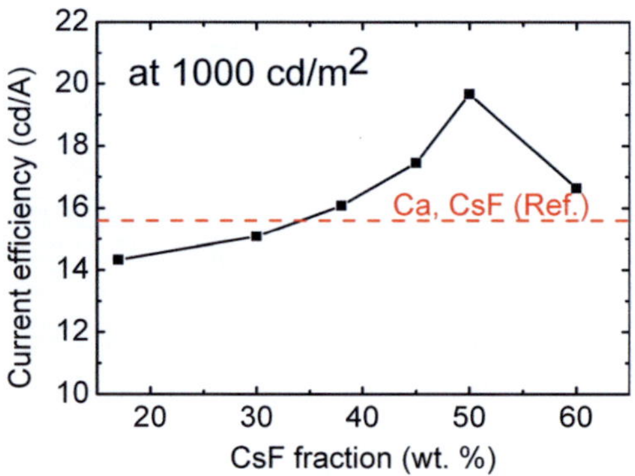

Bild 4.14.: Das Optimum der Current Efficiency wird bei sehr hohen Dotierungen von 50 gew.% CsF erreicht. Die Current Efficiency der OLEDs mit einer EIL-Schicht ist deutlich höher als für Referenz-OLEDs mit Ca/Al- oder CsF/Al-Kathoden (rote gestrichelte Linie).

Die Current Efficiency erreicht ihr Optimum bei ca. 50 gew.% CsF in BPhen bei einer vorgegebenen Leuchtdichte von 1000 cd/m^2, wie aus Abbildung 4.14 ersichtlich wird. Da die Leuchtdichte konstant gehalten wird, muss die Ursache für die bessere Effizienz ein geringerer Bauelement-Strom sein. Erneut resultiert dieses Optimum aus einem Wechselspiel von verbesserter Ladungsträgerinjektion bei höherem CsF-Gehalt und dem Isolator-Charakter von CsF bei zu hohen Konzentrationen.

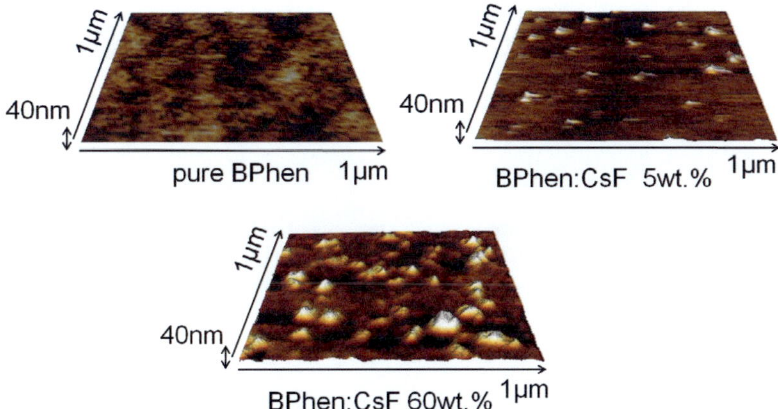

Bild 4.15.: Die Oberfläche der BPhen:CsF-Schicht in Abhängigkeit der CsF-Konzentration. Während reine BPhen-Schichten sehr glatt sind, steigt die Oberflächen-Rauigkeit mit wachsendem CsF-Gehalt an.

Neben dem Anpassen der Energieniveaus an der Grenzfläche zur Elektrode und der Löcher-Blockwirkung der BPhen-Schicht können auch optische Effekte wie eine verbesserte Lichtauskopplung die Leuchtdichte und die Effizienz der OLED beeinflussen. Da CsF dazu neigt zu agglomerieren, wird die Oberfläche der BPhen:CsF-Schicht mit dem AFM untersucht. Abbildung 4.15 zeigt, dass die Rauigkeit der Oberfläche mit steigendem CsF-Gehalt zunimmt.

Diese Zunahme der Rauigkeit lässt sich bereits mit bloßem Auge erkennen. Abbildung 4.16a zeigt ein Foto der Leuchtfläche einer OLED mit BPhen:CsF (30 gew.%). Während ein Anteil von CsF von 30% noch zu einer für das Auge homogenen Leuchtfläche führt, führt eine Konzentration von 60% CsF bereits zu einer sichtbaren Inhomogenität, Abbildung 4.16b. Da die CsF-Agglomerate bis zu 100 nm breit sind, kann diese Oberflächen-Rauigkeit zusätzlich die Lichtauskopplung der OLED beeinflussen, Kapitel 2.3.3. Daher werden im

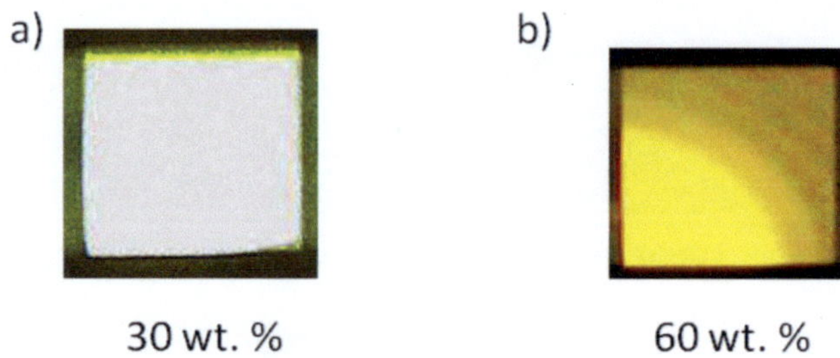

Bild 4.16.: Leuchtfläche von SuperYellow-OLEDs mit einer EIL aus BPhen:CsF. CsF-Konzentration: (a) 30%, (b) 60%.

Folgenden Experimente diskutiert, die einen möglichen Einfluss der CsF-Agglomerate auf die Lichtauskopplung untersuchen. Eine Verbesserung der Auskopplung ist einerseits wünschenswert, da hierdurch die Effizienz der OLED verbessert werden kann. Andererseits können Auskopplungseffekte zu ungewünschter Winkelabhängigkeit der Leuchtdichte führen, was z.B. bei der Betrachtung von Displays ein entscheidender Nachteil ist. Zur Untersuchung möglicher Auskopplungseffekte werden alle OLEDs durch das Substrat mit einem Laser konstanter Leistung angeregt (Wellenlänge $\lambda=355\,$nm), da so der Einfluss durch die elektrischen Eigenschaften des Bauelementes keine Rolle spielt. Die Abstrahlcharakteristik wird mit einem Goniometer gemessen. Da alle OLEDs den gleichen Aufbau haben und sich nur durch die Konzentration von CsF in BPhen unterscheiden, gibt diese Messmethode direkten Aufschluss über den Einfluss der BPhen:CsF-Schicht auf die Helligkeit der OLED.

Abbildung 4.17 zeigt die über den Halbraum integrierte, abgestrahlte Leistung der OLEDs in Abhängigkeit der CsF-Konzentration. Besonders auffällig ist die Steigerung der Lichtemission der OLEDs mit BPhen:CsF-EILs gegenüber den OLEDs mit einer reinen BPhen-Schicht (0 %). Da zuvor gezeigt werden konnte, dass die Oberflächen-

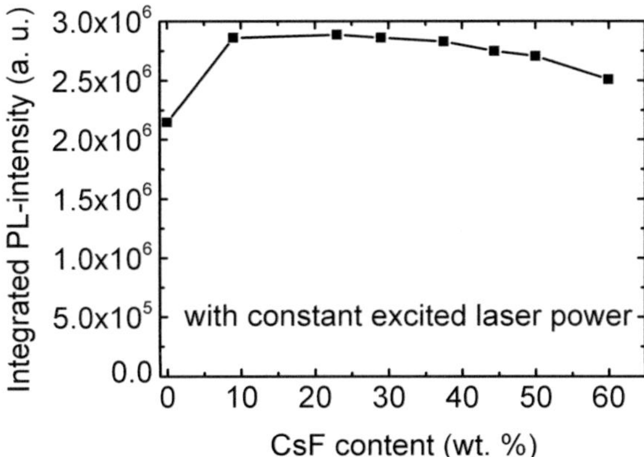

Bild 4.17.: Über den Halbraum integrierte Abstrahlung der OLEDs in Abhängigkeit der CsF-Konzentration in BPhen.

rauigkeit bei Verwendung von CsF höher ist, kann die verbesserte Abstrahlung auf eine erhöhte Lichtauskopplung durch Streuung an den CsF-Agglomeraten zurückgeführt werden.

Wie bereits erwähnt wurde, kann eine veränderte Lichtauskopplung auch zu unerwünschten Effekten führen. Dazu gehören Änderungen der Leuchtdichte oder der Farbe in Abhängigkeit des Betrachtungswinkels. Aus diesem Grund wird die Abstrahlung der OLEDs unter Betrachtungswinkeln von -90° bis 90° untersucht.

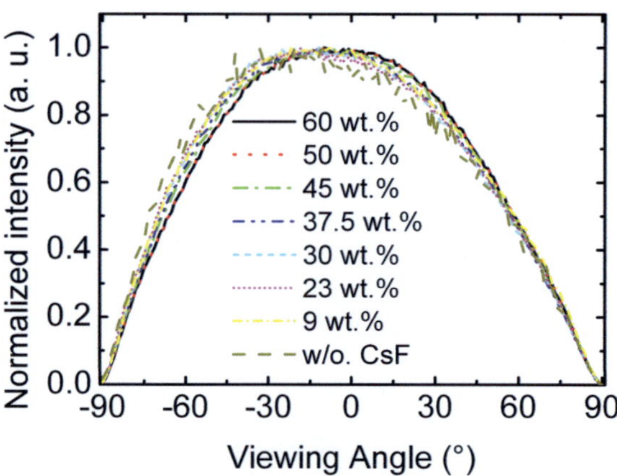

Bild 4.18.: Winkelaufgelöste Elektrolumineszenz von OLEDs mit unterschiedlicher CsF-Konzentration in BPhen. Im Rahmen der Messgenauigkeit konnten keine Unterschiede in der Abstrahlcharakteristik festgestellt werden.

Eine (für z.B. Displayanwendungen) ideale Strahlungsquelle zeigt eine lambertsche Abstrahlung, bei der die Lichtstärke eines Oberflächen-Elements zu großen Betrachtungswinkeln hin proportional zu $\cos\theta$ abnimmt. Die Abstrahlung in ein normiertes Raumwinkel-Element ist dabei in allen Richtungen gleich. Die Ergebnisse in Abbildung 4.18 zeigen, dass die SuperYellow/BPhen:CsF-OLED in der Tat eine lambertsche Abstrahlung aufweist.

Nicht nur die Helligkeit der OLED bleibt bei Änderung des Betrachtungswinkels gleich, auch die Farbe zeigt quasi keine Verfälschungen. Abbildung 4.19 zeigt identische Farben der OLEDs unter verschiedenen Betrachtungswinkeln. Zwar ändert sich die Farbe der OLEDs mit dem Betrachtungswinkel etwas, doch ist die Veränderung für alle OLEDs und somit für alle CsF-Konzentrationen in BPhen gleich.

Um abschätzen zu können, welchen Anteil die Verbesserung des elektrischen Kontaktes einerseits und die erhöhte Lichtauskopplung

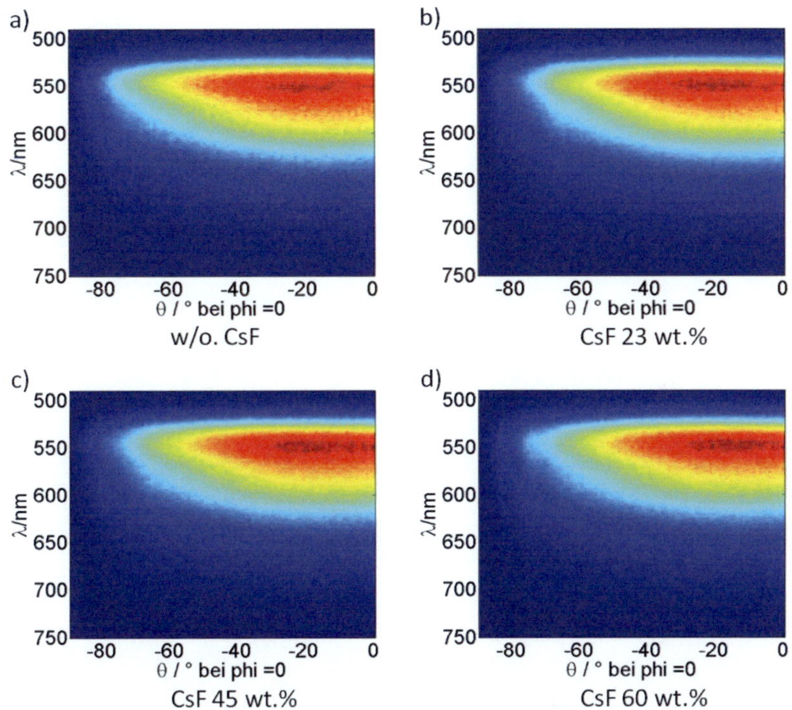

Bild 4.19.: Das Emission-Spektrum der OLEDs und ihre Intensitäten. Die Änderung der emittierten Farbe unter dem Betrachtungswinkel ist ähnlich für alle OLEDs.

andererseits an der Steigerung der Effizienz der OLED haben, wird die Emission der OLED unter elektrischer und optischer Anregung miteinander verglichen. Elektrisch kann dabei nicht vollkommen sichergestellt werden, dass in allen Bauelementen die gleichen Dichten von Elektronen und Löchern vorherrschen. Unter den gegebenen Rahmenbedingungen kann diese Situation am ehesten erreicht werden, wenn die Ströme durch die Bauelemente konstant gehalten werden (hier $j=5\,\mathrm{mA/cm^2}$).

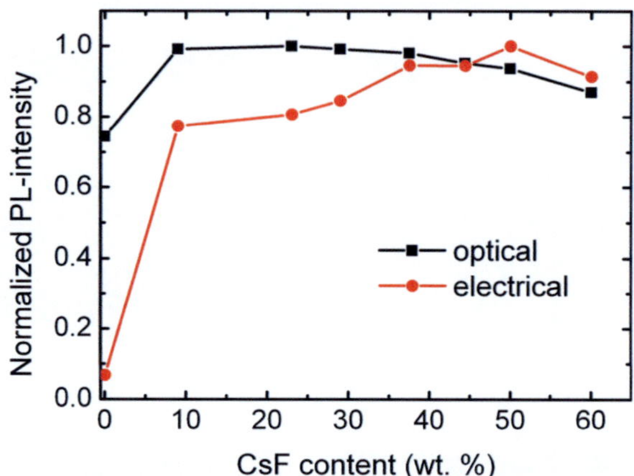

Bild 4.20.: Die relative Effizienz-Erhöhung der OLEDs durch Auskopplung
ist vergleichsweise klein gegenüber den deutlichen relativen Ver-
besserungen der OLED-Eigenschaften durch die elektrische Modifikation der Elektroden-Grenzschichten.

Der direkte Vergleich der beiden Messungen in Abbildung 4.20
zeigt, dass die initiale Verbesserung des Bauelementes durch das Einbringen von CsF zunächst vor allem auf einen elektrischen Effekt,
also das Anpassen der Grenzschicht zur Elektrode, zurückzuführen
ist. So lässt sich eine Verbesserung der optischen Eigenschaft durch
die Verwendung von CsF im Vergleich zu reinen BPhen-Schichten
von ungefähr 25 % ablesen (quadratische Symbole). Die elektrischen
Eigenschaften hingegen verbessern sich etwa um Faktor 10 (runde
Symbole).

4.2. Emissionsschichten

Nachdem Ladungsträger effizient aus der Elektrode in die OLED injiziert wurden und durch geeignete Ladungsträger-Transportschichten von der Elektrode in das Bauelement geführt wurden, müssen Elektronen in der Emitterschicht zur effizienten Rekombination gebracht werden. Dabei können viele Verluste in der Emissionsschicht auftreten. Dies betrifft vor allem die nichtstrahlende Rekombination der Exzitonen. Die Emissionsschicht einer effizienten OLEDs beinhaltet üblicherweise einen phosphoreszierenden Emitter. Ein Guest/Host-System erlaubt es, die Rekombination der Ladungsträger besser zu kontrollieren, da die Emitter-Moleküle auf Abstand gehalten werden und gleichzeitig als Fallenzustände für die Ladungsträger fungieren. Oftmals sind sowohl Host- als auch Guest-Materialien niedermolekulare Systeme. Diese Materialkombinationen sind aus der Vakuum-Abscheidung sehr gut bekannt. Die meisten flüssig-prozessierten OLEDs hingegen basieren auf Polymeren. Polymere zeigen typischerweise nur Fluoreszenz. Deshalb beträgt die maximale interne Quanteneffizienz von Polymeren nur etwa 25 %. 75 % der Ladungsträger gehen verloren. Aus diesem Grund wird in Folgenden untersucht, ob phosphoreszierende Guest/Host-Systeme aus niedermolekularen Materialsystemen auch flüssig hergestellt werden können. Im Hinblick auf die Flüssigprozessierung dieser Materialien ergeben sich jedoch neue Herausforderungen, wie die Formung einer geeigneten Morphologie des Gemischs.

4.2.1. Iridium-Komplexe

Iridium-Komplexe sind die meist benutzten Emitter für OLEDs und gehören zu den effizientesten Triplett-Emittern. Einige dieser Komplexe zeigen interne Quanteneffizienzen von knapp 100 %, wie z.B. Ir(ppy)$_3$ oder (ppy)$_2$Ir(acac) [1, 2, 83]. Das heißt, dass alle Ladungsträger, die ins Bauelement injiziert werden, zur Elektrolumineszenz beitragen.

Zunächst wird das sehr effiziente Guest/Host-System CBP:Ir(ppy)$_3$ gewählt. CBP:Ir(ppy)$_3$ hat in vakuumprozessierten OLEDs in der Vergangenheit eine sehr hohe Effizienz gezeigt [4, 57]. CBP ist ein ambipolarer Host und kann somit Elektronen und Löcher gut leiten. Die Bandlücke von CBP ist nur wenig größer als die Bandlücke von Ir(ppy)$_3$, so dass die Ladungsträger-Injektion erleichtert wird und gleichzeitig der Ladungsträger-Übertragung vom Host zum Guest effizient funktioniert [34]. Ein weiterer wichtiger Vorteil des CBP-Moleküls als Host-Material für Ir(ppy)$_3$ ist die höhere Triplett-Energie von CBP im Vergleich zu Ir(ppy)$_3$ [112, 153, 167]. Damit der Exzitonen-Transfer vom Host zum Guest zwischen CBP und Ir(ppy)$_3$ abgeschätzt werden kann, werden die Emission von CBP und die Absorption von Ir(ppy)$_3$ gemessen. Ein guter Überlapp der beiden Spektren ist eine wichtige Voraussetzung für einen effizienten Förster-Transfer zwischen den beiden Molekülen (siehe Kapitel 2.1.4).

Wie in Abbildung 4.21 gezeigt, überlappen das Absorptionsspektrum des Ir(ppy)$_3$ und die Emission von CBP deutlich. Ir(ppy)$_3$ zeigt eine breite Absorption bis 500 nm. CBP zeigt ein schmales Emissions-Spektrum im blauen Spektralbereich von knapp unter 400 nm bis 500 nm. Dies spricht für einen guten Förster-Transfer zwischen CBP und Ir(ppy)$_3$.

Da das Materialsystem grundsätzlich die richtigen Eigenschaften besitzt, werden hieraus zunächst einfache OLEDs aus der Flüssigphase hergestellt. CBP und Ir(ppy)$_3$ werden zuerst in Chlorbenzol mit einer Konzentration von 10 mg/ml bzw. 1 mg/ml separat gelöst. Die Lösungen werden nach 24 Stunden zusammen gemischt. Die Architektur der OLEDs ist in Abbildung 4.22a gezeigt.

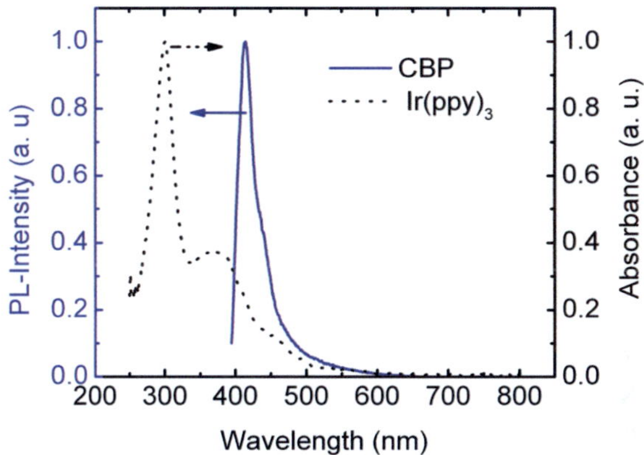

Bild 4.21.: Emissionsspektrum von CBP und Absorptionsspektrum von Ir(ppy)$_3$.

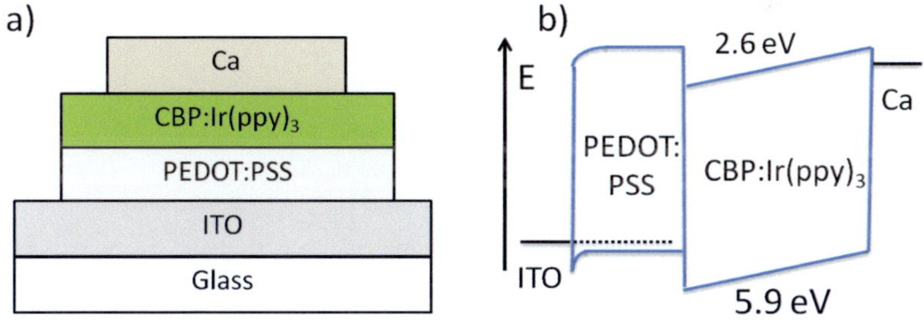

Bild 4.22.: (a) Aufbau und (b) Bandschema der zweischichtigen CBP:Ir(ppy)$_3$-OLED.

Da der Abstand der Emitter-Moleküle entscheidend für die Effizienz der OLED ist, ist es wichtig ein optimales Mischungsverhältnis zwischen Host (CBP) und Guest (Ir(ppy)$_3$) zu finden. Bei einer zu geringen Konzentration von Ir(ppy)$_3$ in CBP können nicht alle Exzitonen auf die Farbstoff-Moleküle übertragen werden, so dass die Rate der strahlenden Rekombination reduziert wird. Bei einer zu hohen Konzentration des Farbstoffs tritt verstärkt Exziton/Exziton-Annihilation (siehe Kaptiel 2.3.2) auf. Die aus der Literatur bekannte optimimale Konzentration von Ir(ppy)$_3$ in CBP liegt bei ca. 5 gew.%.

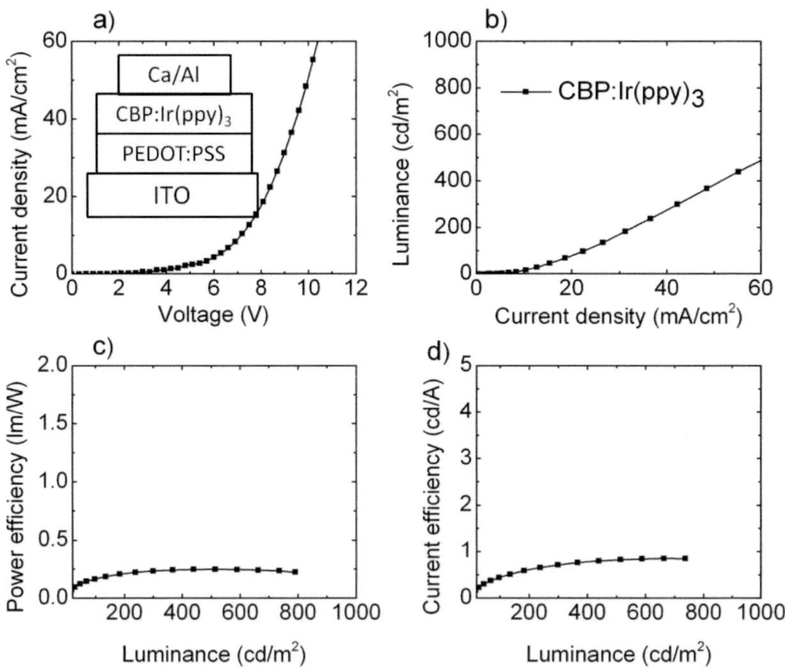

Bild 4.23.: Die opto-elektrischen Eigenschaften einer flüssigprozessierten CBP:Ir(ppy)$_3$-OLED.

Auf diesen Überlegungen aufbauend, lässt sich unter Verwendung von Flüssigprozessen eine einfache CBP:Ir(ppy)$_3$-OLED realisieren. Abbildung 4.23 zeigt die opto-elektronischen Eigenschaften dieser OLED. Das Ansteigen der JV-Kennline bei etwa 3 V in Abbildung 4.23a deutet die minimal benötigte Spannung an, um Elektronen in das LUMO von CBP (2.6 eV) sowie die Löcher in das HOMO von CBP (5.9 eV) zu injizieren [88]. Während die Ladungsträger sehr gut in das Bauelement injiziert werden können, zeigt die Leuchtdichte-Kurve nur eine schwache Elektrolumineszenz, Abbildung 4.23b. Dies kann darauf zurückgeführt werden, dass die Ladungsträger nicht effizient miteinander rekombinieren können. Grund hierfür kann ein Ladungsträger-Ungleichgewicht im Bauelement sein, so dass ein großer Leckstrom entsteht. Denkbar ist auch eine nachteilige Morphologie des Guest/Host-Systems, so dass die Exzitonen nichtstrahlend rekombinieren. Aus diesen Gründen sind die Power Efficiency und Current Efficiency viel niedriger als die theoretisch zu erwartende Effizienz, Abbildung 4.23c und d. Einen Hinweis auf die Ursache für die schwache Elektrolumineszenz liefert die Morphologie der Emissionsschicht, wie beim Vergleich von AFM-Messungen und Scanning Transmission Electron Microscopy (STEM) Messungen deutlich wird. Während die AFM-Messungen Informationen über die Homogenität der Oberfläche liefern, ermöglichen die STEM-Messungen mit dem HAADF-Detektor (engl. high angle annular dark field) die Unterscheidung von Materialien mit unterschiedlichen Ordnungszahlen. Der HAADF Detektor befindet sich weit von der optischen Achse entfernt, so dass ihn hauptsächlich Elektronen erreichen, die an Atomen mit großer Ordnungszahl stark streuen. Da die Ordnungszahl von Iridium 77 beträgt und die Ordnungszahl quadratisch in den Streuquerschnitt eingeht, ist zu erwarten, dass möglicherweise auftretende Ir(ppy)$_3$-Domänen im STEM/HAADF-Detektor deutlich sichtbar werden.

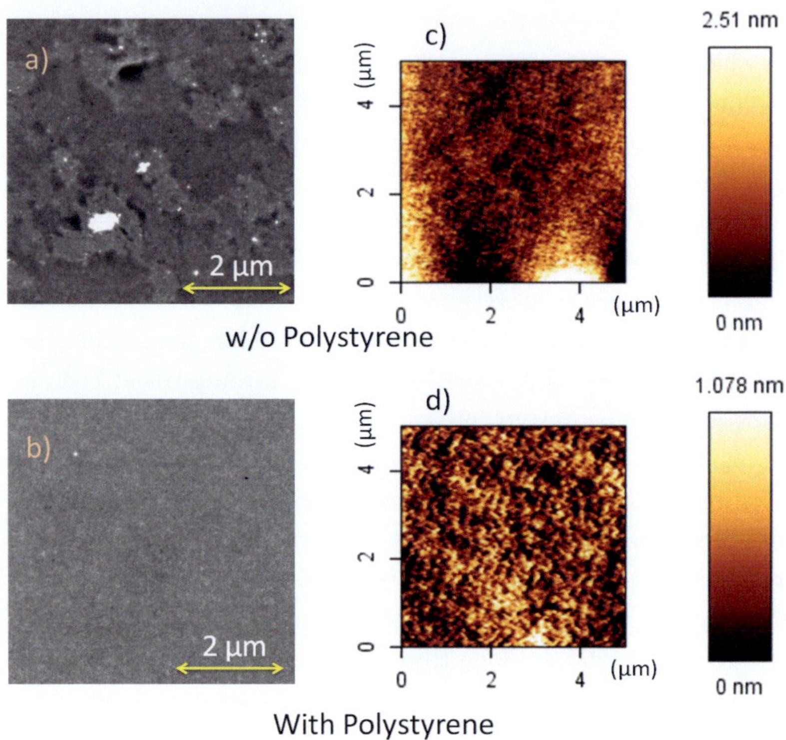

Bild 4.24.: Die Morphologie der Emissionsschicht kann durch den Vergleich zwischen STEM- und AFM-Messungen untersucht werden. Die STEM-Aufnahmen von reinen CBP:Ir(ppy)$_3$-Schichten in (a) zeigen deutliche Inhomogenitäten, die im Fall einer Beimischung von Polystyrol in (b) nicht sichtbar sind. Die AFM-Messungen in (c) und (d) zeigen hingegen in beiden Fällen homogene Schichten. Dies spricht für eine schlechte Durchmischung von reinem CBP:Ir(ppy)$_3$ bzw. die Ausbildung von Materialdomänen.

Die Abbildung 4.24a und Abbildung 4.24b zeigen eine STEM-Aufnahme einer CBP:Ir(ppy)$_3$-Emissionsschicht, wobei in Abbildung 4.24b der Emissionsschicht das elektrisch inaktive Polymer Polystyrol beigemischt wurde. Während die CBP:Ir(ppy)$_3$-Schicht in Abbildung 4.24a deutliche Inhomogenitäten zeigt, wirkt die Emissionsschicht in Abbildung 4.24b weitgehend homogen. Da Inhomogenitäten in STEM-Aufnahmen sowohl auf Dichteschwankungen innerhalb der Schicht als auch auf Oberflächenrauigkeiten hinweisen können, wurden zum Vergleich die in den Abbildung 4.24c und Abbildung 4.24d gezeigten Aufnahmen der Probenoberfläche angefertigt. In beiden Fällen, mit und ohne Polystyrol-Zusatz, ist die Oberfläche sehr glatt, so dass die in Abbildung 4.24a ersichtlichen Inhomogenitäten tatsächlich auf Dichteschwankungen innerhalb der Schicht zurückzuführen sind. Unter Berücksichtigung der hohen Ordnungszahl von Iridium, lässt sich der Schluss ziehen, dass sich hier $Ir(ppy)_3$-Domänen gebildet haben, die die Elektronen besonders stark streuen. Diese Bildung von Domänen wird in Abbildung 4.24b effektiv unterdrückt. Dort, wo die Konzentration von $Ir(ppy)_3$ hoch ist, ist ein erhöhtes nichtstrahlendes Rekombinieren der Exzitonen aufgrund einer hohen Exzitonen-Dichte zu erwarten (siehe Kapitel 2.3.2). Auch in den Bereichen, in denen nur wenig $Ir(ppy)_3$ zu finden ist, sinkt die Rekombinationswahrscheinlichkeit der Ladungsträger. Es ist daher davon auszugehen, dass die Effizienz der OLED bei Zugabe geringer Menge von Polystyrol steigt, obwohl Polystyrol ein Isolator ist, weil die Zugabe des Polymers eine bessere Morphologie der Emissionsschicht fördert.

Weil Polystyrol ein Isolator ist, ist andererseits ein schlechterer Ladungstransport durch die Emissionsschicht zu erwarten. Der Einfluss der Zugabe von 10 gew.% Polystyrol auf die optoelektronischen Eigenschaften der OLEDs kann in den JV-Kennlinien in Abbildung 4.25a abgelesen werden. Interessanterweise sind die JV-Kennlinien beider Bauelemente nahezu gleich, so dass der Ladungstransport nur unwesentlich durch die Zugabe von Polystyrol beeinflusst wird. Im Gegensatz dazu wird in Abbildung 4.25b deutlich, dass der Zusatz von Polystyrol die Leuchtdichte bei gegebenem Bauelement-Strom

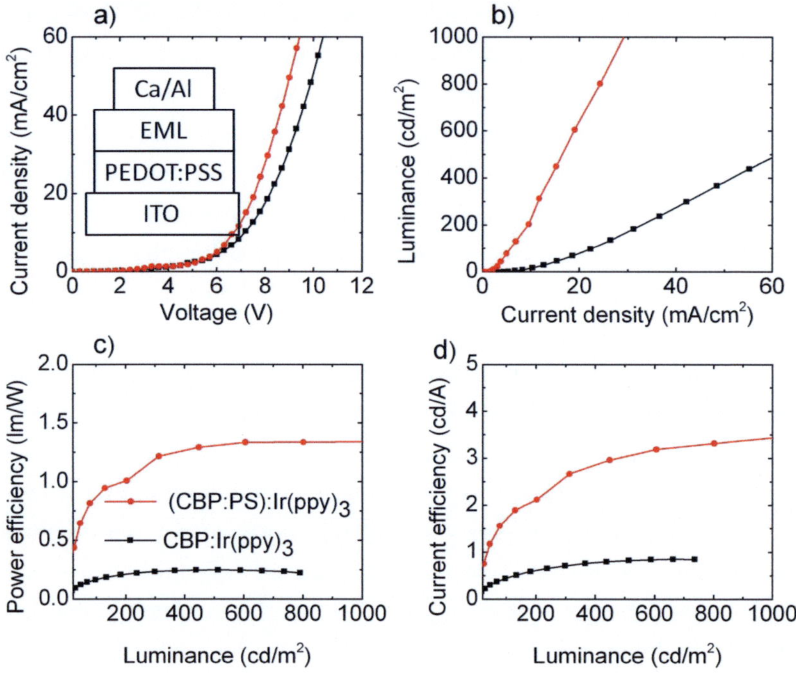

Bild 4.25.: Vergleich der optoelektronischen Eigenschaften von CBP:Ir(ppy)$_3$-OLEDs mit und ohne Polystyrol-Zusatz in der aktiven Schicht.

sehr merklich beeinflusst. Diese Beobachtung passt sehr gut zu den zuvor durchgeführten morphologischen Untersuchungen, bei denen Ir(ppy)$_3$-Domänen festgestellt werden konnten, wenn kein Polystyrol der aktiven Schicht zugesetzt wurde. Entsprechend dieser Beobachtungen sind auch die Current und die Power Efficiency der OLEDs mit Polystyrol-Zusatz in der aktiven Schicht höher als bei OLEDs mit reinen CBP:Ir(ppy)$_3$-Emitterschichten, wie in den Abbildungen 4.25c und d gezeigt. Eine weitere Verbesserung der OLEDs kann durch Hinzufügen einer Lochblockschicht aus BPhen erzielt werden. Diese Bauelementarchitektur unterdrückt einerseits Quenching-Effekte an der Kathode, da die Exzitonen auf Abstand zur Elektrode gehalten werden, und stellt andererseits ein Blocken von Löchern sicher ($E_{HOMO} \approx 6,4\,eV$ [21,61]), so dass diese nicht an der Kathode rekombinieren können. Um ein Anlösen der aktiven Schicht zu verhindern, wird die BPhen-Schicht im Vakuum appliziert.

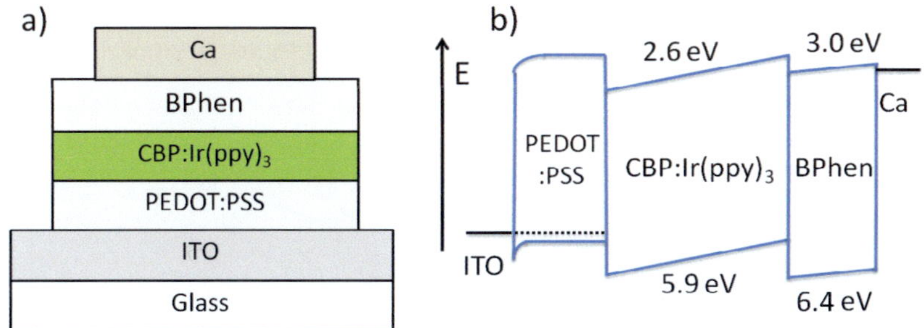

Bild 4.26.: (a) Bauelement-Architektur und (b) Bandschema einer phosphoreszierenden CBP:Ir(ppy)$_3$-OLED bei angelegter Spannung. Die aufgedampfte BPhen-Schicht reduziert die nichtstrahlende Rekombination der Exzitonen in der Nähe der Kalzium-Kathode. Gleichzeitig blockiert sie den Loch-Dunkelstrom.

Der Aufbau der OLEDs wird in Abbildung 4.26 gezeigt. Eine 20 nm dünne BPhen-Schicht ist ausreichend um das Quenching der Exzitonen an der Kathode zu unterbinden.

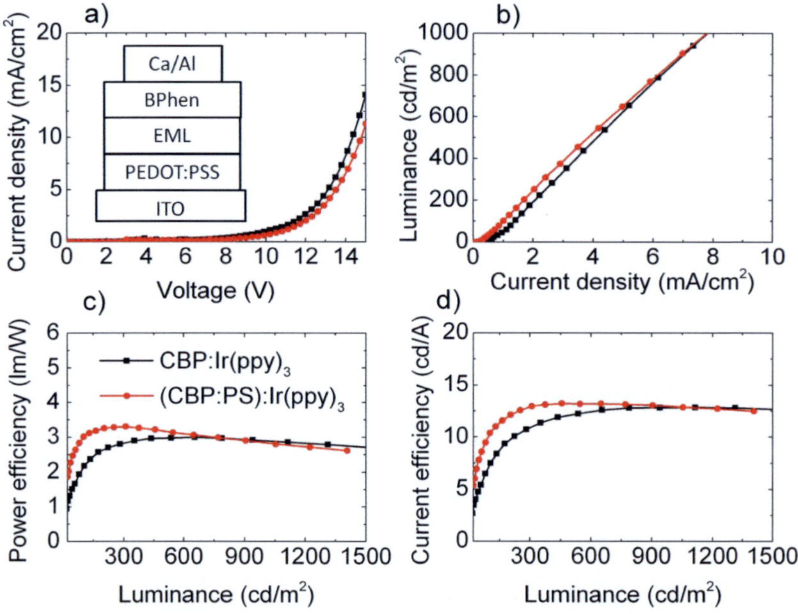

Bild 4.27.: OLEDs mit einer Blockschicht aus BPhen zeigen bessere opto-elektronische Eigenschaften als OLEDs ohne Blockschicht. Auch hier verbessert das Einmischen von Polystyrol in die Emissions-schicht die OLEDs.

Die Ergebnisse in Abbildung 4.27 zeigen, dass die optoelektroni-schen Eigenschaften der OLEDs durch die Verwendung einer Block-schicht deutlich verbessert werden. Zwar wird eine höhere Spannung benötigt, Abbildung 4.27b, um die gleiche Stromdichte im Bauele-ment zu erzeugen - da die BPhen-Schicht nicht dotiert ist bzw. einen hohen Schicht-Widerstand besitzt, fällt Spannung an der BPhen-Schicht ab. Diese zusätzliche Spannung erhöht die Betriebsspannung der OLED. Andererseits ist zu beobachten, dass die Effizienzen der OLED deutlich steigen, Abbildung 4.27c und d. Die Abnahme des Stromes bei gleichzeitiger Zunahme der Lichtausbeute bzw. Effizienz ist ein typischer Effekt, wenn Blockschichten wie BPhen in die OLEDs eingebaut werden. Überschüssige Ladungsträger (hier: Löcher) werden durch die Blockschicht von der Rekombination an der Elektrode gehindert, so dass ein besseres Ladungsträger-Gleichgewicht in den OLEDs herrscht. Für eine Leuchtdichte von 1000 cd/m^2 brauchen diese OLEDs mit BPhen-Schicht eine Stromdichte von weniger als 10 mA/cm^2. Im Vergleich zu den OLEDs ohne Blockschicht, Abbildung 4.25, sind die Stromdichten in Abbildung 4.27 weniger als halb so groß und die Effizienzen etwa dreimal höher.

Wie zuvor gezeigt wurde, ist die Morphologie einer flüssigprozessierten Schicht im Allgemeinen nur schwer zu kontrollieren. Die AFM- und STEM-Messungen haben gezeigt, dass die Morphologie durch das Mischen mit Polymeren verbessert werden kann. Eine andere bekannte Methode, um die Morphologie von organischen Schichten zu beeinflussen, ist die thermische Nachbehandlung der applizierten Schichten.

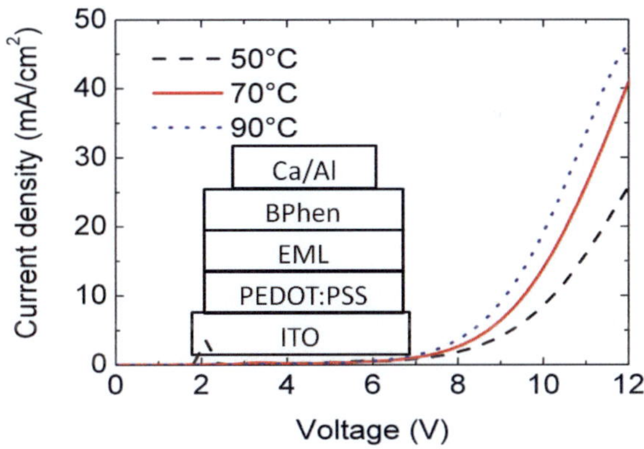

Bild 4.28.: Einfluss einer thermischen Nachbehandlung bei 50, 70 und 90°C der lichtemittierenden Schicht für 10 Minuten auf die elektrischen Eigenschaften der OLEDs.

Aus diesem Grund werden die vorstehenden Experimente an ITO/ PEDOT:PSS/CBP:PS:Ir(ppy)$_3$/BPhen/Ca/Al-OLEDs noch einmal wiederholt. Dieses Mal wird die CBP:Ir(ppy)$_3$-Schicht jedoch direkt nach der Abscheidung einer thermischen Nachbehandlung bei 50, 70 und 90°C für 10 min. unterzogen. Die Ergebnisse in Abbildung 4.28 zeigen einen schwachen aber signifikanten Einfluss der Temperatur auf die JV-Kennlinie. Weil PEDOT:PSS im Allgemeinen bei diesen Temperaturen als stabil angesehen werden kann, muss die Änderung der JV-Kennlinie ihre Ursache in einer Änderung der Emissionsschicht haben. Zu höheren Temperaturen hin verschiebt sich die JV-Kurve nach links. Das heißt, dass der Ladungstransport der Emissionsschicht durch die Behandlung verbessert wird. Um zu untersuchen, ob diese Verbesserung auf eine Änderung der Morphologie zurückgeführt werden kann, werden die Oberflächen der unterschiedlich getemperten Schichten (jeweils 2 Proben) mit dem AFM untersucht. Die AFM-Messungen zeigen eine Änderung der Oberfläche nach der thermischen Behandlung. Die Rauigkeit der Oberlfäche sinkt von 10,9 nm vor der Behandlung auf 6,9 nm nach der Behandlung. Allerdings kann bei den AFM-Messungen kein Unterschied an Proben mit unterschiedlicher Temperatur-Behandlung gemessen werden.

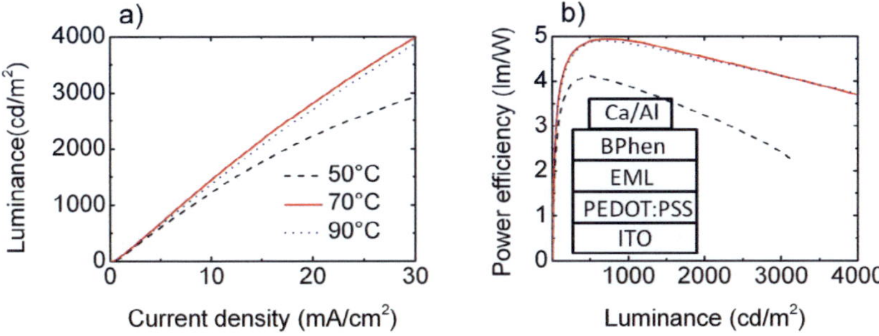

Bild 4.29.: Die Power Efficiency der OLEDs wird durch die Temperatur-Nachbehandlung erhöht. Ein Optimum konnte bei ca. 70°C gefunden werden.

Die Leuchtdichten der OLEDs werden ebenfalls verbessert. Abbildung 4.29a zeigt eine maximale Leuchtdichte bei einer Temperatur-Behandlung bei 70°C. OLEDs, die mit 90°C getempert werden, zeigen eine nur wenig schlechtere Leuchtdichte. Abbildung 4.29b zeigt, dass die besten Power Efficiencies bei einer Behandlung zwischen 70°C bis 90°C erreicht werden. Im Vergleich zu den Ergebnissen in Abbildung 4.27 ist die Power Efficiency der behandelten OLEDs hier höher. Während die Emissionsschicht mit (CBP:PS):Ir(ppy)$_3$ nach einem Aufheizen von 90°C keine Beschädigung zeigt, ist nach 5 min. thermischer Nachbehandlung eine lokale Kristallisation der CBP:Ir(ppy)-Emissionsschicht zu bemerken, Abbildung 4.30. Dieser Effekt tritt bei der Behandlung bei 70°C nicht zutage. Sofern das stabilisierende Polymer (hier PS) nicht verwendet wird, ist somit die Wahl einer geringeren Temperatur für das Bauelement förderlich.

Um die optoelektronischen Eigenschaften der flüssigprozessierten OLEDs richtig einordnen zu können, werden State-of-the-Art OLEDs aus den gleichen Materialien mittels Vakuum-Deposition hergestellt. Um einen möglichst guten Vergleich zu erhalten, wird auch bei den vakuumprozessierten OLEDs mit einer HIL-Schicht aus PEDOT:PSS

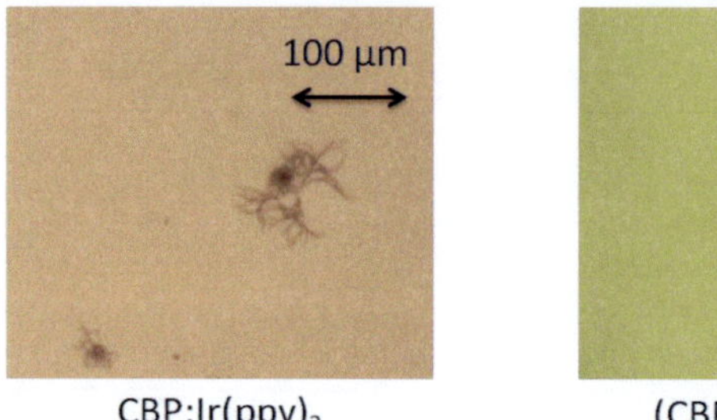

Bild 4.30.: Mikroskopische Aufnahmen der verschiedenen Emissionsschichten nach der thermischen Behandlung bei 90°C. In der Schicht ohne Polystyrol (links) kann nach 5 Minuten eine beginnende Kristallisation beobachtet werden.

zurückgegriffen. Alle anderen Schichten werden auf organischen Effusionszellen verdampft. Die Schichtdicke aller Schichten bei allen OLEDs ist gleich. Für die aufgedampfte Schicht wird ein Verhältnis von 8 gew.% Ir(ppy)$_3$ in CBP gewählt. Dieser Wert wurde in vielen Veröffentlichungen zu vakuumprozessierten CBP:Ir(ppy)-OLEDs als optimal bestimmt [53, 164]. Für die flüssigprozessierte Schicht wird das zuvor optimierte Verhältnis von 5 gew.% verwendet.

Abbildung 4.31a zeigt die JV-Kennlinien beider OLEDs. Grund für die Links-Verschiebung der JV-Kurve bei den aufgedampften OLEDs ist möglicherweise die besser kontrollierbare Durchmischung des Guest/Host-Systems. Auch wenn die Abbildung 4.31b Unterschiede in der Leuchtdichte erkennen lässt, zeigen diese Ergebnisse, dass flüssigprozessierte OLEDs grundsätzlich in der Effizienz vergleichbar mit den aufgedampften OLEDs hergestellt werden können bzw. diesen sogar überlegen sind. Daher steht einer kostengünstigen Flüssigprozessierung der Materialien grundsätzlich nichts im Wege.

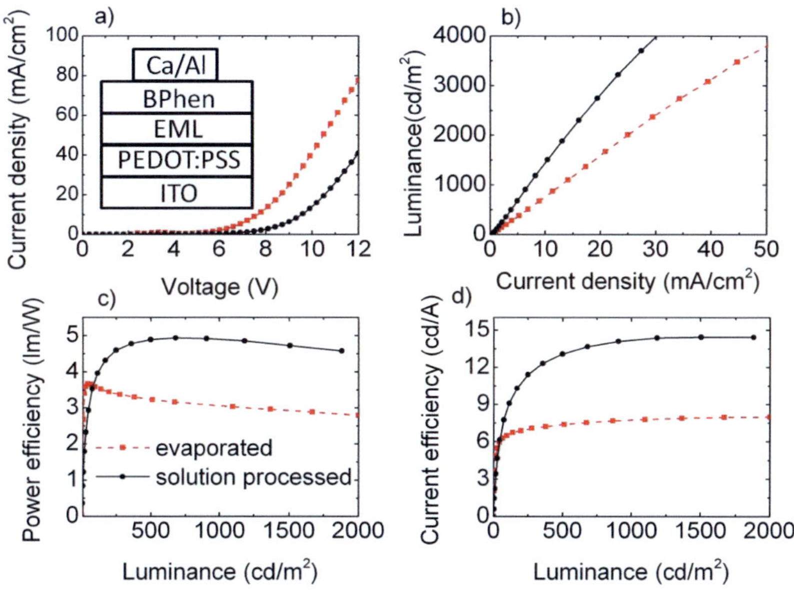

Bild 4.31.: Vergleich von flüssig- und vakuumprozessierten OLEDs. Die flüssigprozessierten OLEDs zeigen ähnliche optoelektronische Eigenschaften wie die aufgedampften OLEDs.

4.2.2. Kupfer-Komplexe als Emitter

Ein Thema, das momentan viel erforscht wird, ist ein Ersatz für die Iridium-Komplexe als Emitter in OLEDs. Die Gründe dafür sind die begrenzte Verfügbarkeit des Rohstoffs Iridium und dessen Preis. Obwohl sehr wenig Iridium für die OLEDs benötigt wird, ist ein Ersatz für Iridium und andere seltene Erden dringend erforderlich. Ein Kandidat hierfür ist Kupfer, das als Rohstoff in großen Mengen zu deutlich günstigeren Preisen erhältlich ist. Kupfer hat 10 Elektronen in den d-Orbitalen, die zu einem starken Bahndrehimpuls L und einer hohen Spin-Bahn-Kopplung führen. Der hier untersuchte Kupfer-Komplex TB299 wurde von unserem Chemie-Partner *Cynora GmbH* synthetisiert. In Fortführung der zuvor genannten Experimente wird untersucht, ob dieser Kupfer-Komplex gut für die Lichtemission in OLEDs geeignet ist.

Der Grund für die hohe Effizienz der phosphoreszierenden OLEDs ist die Nutzung von Tripletts. Fast alle Ladungsträger, die ins Bauelement injiziert werden, können strahlend rekombinieren. Aus diesem Grund wird zuerst untersucht, ob TB299 phosphoreszierende Eigenschaften aufweist. Hierzu wird eine dünne Schicht von TB299 auf einem Glas-Substrat vorbereitet. Dieses wird verkapselt und zeitaufgelöste Photolumineszenz gemessen. Fluoreszenz und Phosphoreszenz können anhand der Lebensdauer der angeregten Zustände unterschieden werden. Bei der Fluoreszenz bleiben Elektronen typischerweise wenige zehn Nanosekunden im angeregten Zustand, bevor sie unter Energieabgabe in Form von Licht wieder in den Grundzustand relaxieren. In Triplett-Zuständen hingegen bleiben Elektronen viel länger im angeregten Zustand. Dort dürfen sie wegen des Spin-Verbots nicht sofort in den Grundzustand relaxieren. Daher hat der Triplett-Zustand eine Lebensdauer von ein paar Hundert Nanosekunden bis hin zu ein paar Sekunden. Die typische Lebensdauer der Tripletts in Ir(ppy)$_3$ liegt unter eine Mikrosekunde [7].

Die Photolumineszenz von TB299 ist in Abbildung 4.32 dargestellt. Sie wurde mit einer Abtastzeit von 500 ns gemessen. Die Abkling-Kurve zeigt einen exponentiellen Abfall. Ein Absinken der Intensität auf 1/e entspricht dabei der Abfallzeit bzw. Lebensdauer t1.

$$y = y_0 + A \cdot exp\left(\frac{-(x - x_0)}{t1}\right) \tag{4.1}$$

Das Fitten der Exponentialfunktion liefert eine Lebensdauer t1 von 2,2 Mikrosekunden. Diese Zeit weist auf Phosphoreszenz aus dem Triplett-Zustand hin. Gleichzeitig wird das PL-Spektrum von TB299 gemessen, wie in Abbildung 4.33 dargestellt.

Da TB299 eine dem Ir(ppy)$_3$ ähnliche Emission aufweist und nach-

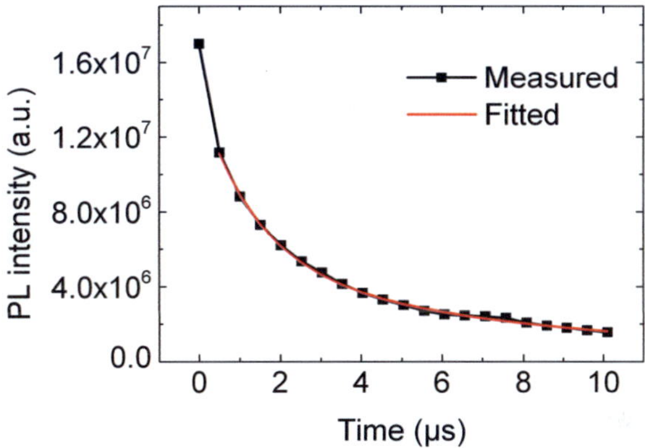

Bild 4.32.: TB299 zeigt eine lange Photolumineszenz von ca. 2,2 µs. Diese lange Lebensdauer weist auf Phosphoreszenz aus dem Triplett-Zustand hin.

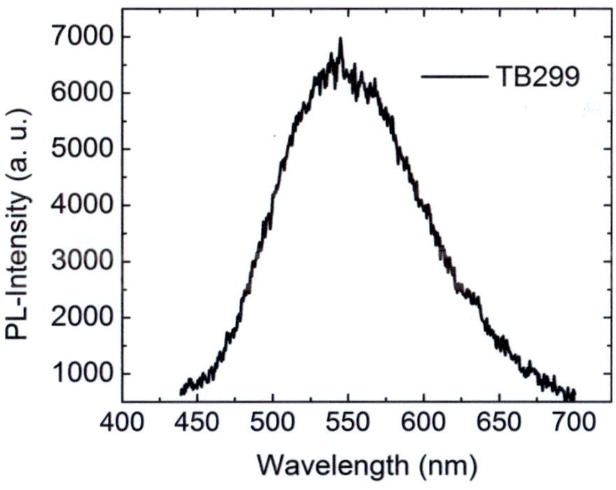

Bild 4.33.: PL-Spektrum von TB299 mit einem Peak bei ungefähr 550 nm.

dem die flüssigprozessierten OLEDs mit CBP:Ir(ppy)$_3$-Emitterschichten sehr gut funktioniert haben, wird CBP auch für TB299 als Host benutzt. Die Emitterschicht aus TB299:Ir(ppy)$_3$ wird aus Chlorbenzol angeschieden. Die Seitengruppen von TB299 wurden bei der Synthese so ausgelegt, dass die Löslichkeit in Chlorbenzol gut ist. CBP und TB299 können daher mit gleicher Konzentration (10 mg/ml) im Lösungsmittel angesetzt werden. Die relativ hohe Konzentration erlaubt auch die Herstellung dickerer Schichten.

In Kapitel 2.1.4 wurde diskutiert, dass der Energietransfer vom Abstand zwischen Host und Guest bzw. der Schichtmorphologie abhängt. Auch die Molekülgrößen und die chemischen Strukturen können den Überlapp der Wellenfunktion zwischen Molekülen verändern. Da das TB299 über viele Löslichkeitsgruppen verfügt, ist es größer als ein Ir(ppy)$_3$-Molekül. Das heißt, dass das optimale Mischungsverhältnis von CBP:TB299 ein anderes sein kann als für CPB:Ir(ppy)$_3$.

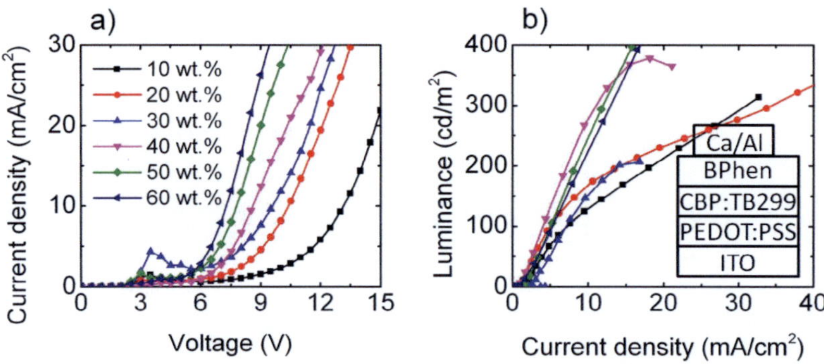

Bild 4.34.: (a) Die Betriebsspannung sinkt zu höheren Konzentrationen von TB299 hin. (b) Bei ca. 40 gew.% wird die höchste Leuchtdichte bei gegebenem Strom erreicht.

Die Ergebnisse in Abbildung 4.34 zeigen, dass die OLEDs am besten bei einem hohem TB299-Gehalt funktionieren. Der Grund hierfür ist im Gleichgewicht der injizierten Ladungsträger zu suchen. Während CBP eine höhere Löcher-Mobilität aufweist, gibt es erste Hinweise darauf, dass TB299 Elektronen besser transportieren kann als Löcher. Die Erhöhung der Konzentration des TB299-Farbstoffs in der Emissionsschicht führt sukzessive zur Ausbildung von Percolationspfaden auf den TB299-Domänen und somit zu einem besseren Elektronen-Transport. Als Folge davon steigt die Stromdichte bei vorgegebener Spannung. Der rechte Graph zeigt die Leuchtdichte der OLEDs für TB299:CBP-Verhältnisse von 10 bis 60 gew.%. Die beste Leuchtdichte wird hierbei bei ca. 40 gew.% erreicht. Zu höheren Mischungsverhältnissen hin, wird die Leuchtdichte wieder reduziert. Diese Reduktion kann auf einen verschlechterten Lochtransport in CBP zurückgeführt werden, dessen Massenanteil an der Schicht mit steigender TB299-Konzentration reduziert wird. Ferner besteht bei großen Emitter-Konzentrationen immer die Gefahr von Triplett-Triplett-Annihilationen.

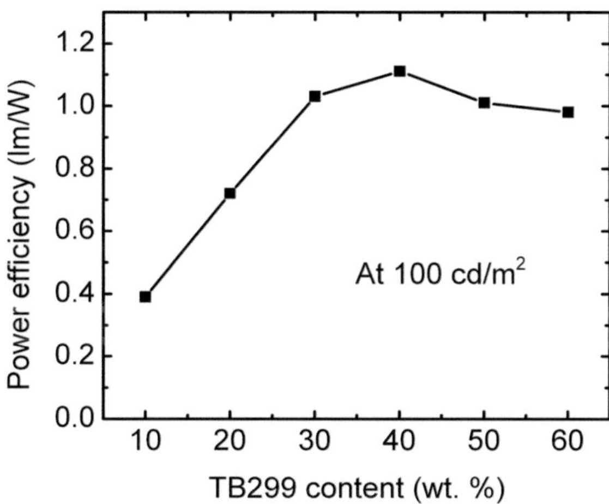

Bild 4.35.: Abhängigkeit der Power Efficiency der OLEDs von dem TB299-Anteil in CBP. Das optimale Mischungs-Verhältnis liegt bei ca. 40 gew.% TB299.

Die Abhängigkeit der Power Efficiency der OLEDs vom TB299-Anteil an der Emitterschicht ist in Abbildung 4.35 gezeigt. Die beste Effizienz wird bei 40 gew.% von TB299 erreicht. Eine mögliche Ursache für die Steigerung der Power Efficiency von 10 gew.% auf 40 gew.% ist die Erhöhung der Leuchtdichte oder die Verbesserung der Ladungsträger-Injektion. Ab einem Mischungs-Verhältnis von mehr als 40 gew.% sinkt die Power Efficiency aufgrund einer geringeren Leuchtdichte wieder ab, obwohl sich die Stromdichte der OLEDs verbessert. Um die Reduktion der Leuchtdichte besser zu verstehen, werden statische Photolumineszenz-Messungen (PL-Messungen) durchgeführt. Diese Messungen erlauben es, den optischen Effekt getrennt von elektrischen Effekten zu diskutieren. Hierzu wird lediglich die Emissionsschicht auf einem Glassubstrat appliziert und mit einem Laser der Wellenlänge 355 nm bestrahlt. Da die Emissionsschicht nicht im Kontakt mit den Elektroden bzw. dotierten Schichten ist, kann ein Quenching an der Grenzfläche weitgehend ausgeschlossen werden.

Probe	Verhältnis		Photolumineszenz		Absorption
	CBP	TB299	Peak	Intensität	%
P1	100	0	414	0.51	33.6
P2	80	20	544	0.9	29.4
P3	70	30	543	0.89	28.8
P4	60	40	543	1.0	27.4
P5	50	50	550	0.45	26.8
P6	40	60	543	0.85	25.7
P7	0	100	545	0.49	10.8

Tabelle 4.2.: Vergleich der PL-Intensitäten von CBP:TB299-Emitterschichten mit den unterschiedlichen Mischungs-Verhältnissen (gew. %).

Tabelle 4.2 zeigt die Photolumineszenz aller Proben. Bei allen Mischungsverhältnissen zwischen 20 gew.% und 60 gew.% wird ein sehr ähnliches Emissions-Spektrums gemessen, das im Wesentlichen dem

Emissionsspektrum von TB299 entspricht. Das bedeutet, dass nur TB299 zur Emission beiträgt. Exzitonen, die auf CBP erzeugt werden, gehen demnach auf TB299 über. Die Rate der emittierten Photonen gibt an, wie effizient die Emission, aber auch die Übertragung der Ladungsträger ist. Aus diesem Grund werden die PL-Intensitäten mit dem Absorptionsfaktor gewichtet. Die Probe 4 (P4) zeigt die beste PL-Intensität. Im Vergleich zu P2 und P3 absorbiert P4 sogar weniger (siehe Tabelle 4.2). P5 und P6 emittieren schwächer, absorbieren aber auch weniger als P4. Nach der Gewichtung liefert die P4 die beste Rate. Das heißt, dass ein Mischungsverhältnis von 40 gew.% von TB299 in CBP optimal ist. Dieses Ergebnis erklärt das Optimum der Power Efficiency der OLEDs. Die weiteren OLEDs werden mit 40 gew.% TB299 in CBP gebaut. Die Verluste der Ladungsträger im Bauelement können durch die Verschiebung des Rekombinations-Zentrums in die Mitte der Emissionsschicht reduziert werden. Eine Verschiebung des Rekombinations-Zentrums lässt sich z.B. durch die Variation der Schichtdicke realisieren.

Bei Verwendung einer dickeren Emissions-Schicht von 55 nm statt 25 nm wird die JV-Kennlinie aufgrund des höheren elektrischen Widerstandes der Schicht nach rechts verschoben (siehe Abbildung 4.36a). Gleichzeitig ist die Leuchtdichte der OLED mit einer 55 nm dicken Emissionsschicht jedoch höher. Die Ergebnisse zeigen, dass eine effizientere strahlende Rekombination der Ladungsträger erreicht werden kann, wenn die Emissionsschicht dicker ist. Andere Bauelement-Optimierungen wie z.B. thermische Nachbehandlung oder das Einbringen von Polymeren zur Stabilisation der Schicht-Morphologie haben kaum Auswirkungen auf die optoelektronischen Eigenschaften der OLEDs gezeigt.

Im Vergleich zu OLEDs mit gleichem Aufbau, aber mit etablierten Emitter-Systemen, sind die Current Efficiency und die Power Efficien-

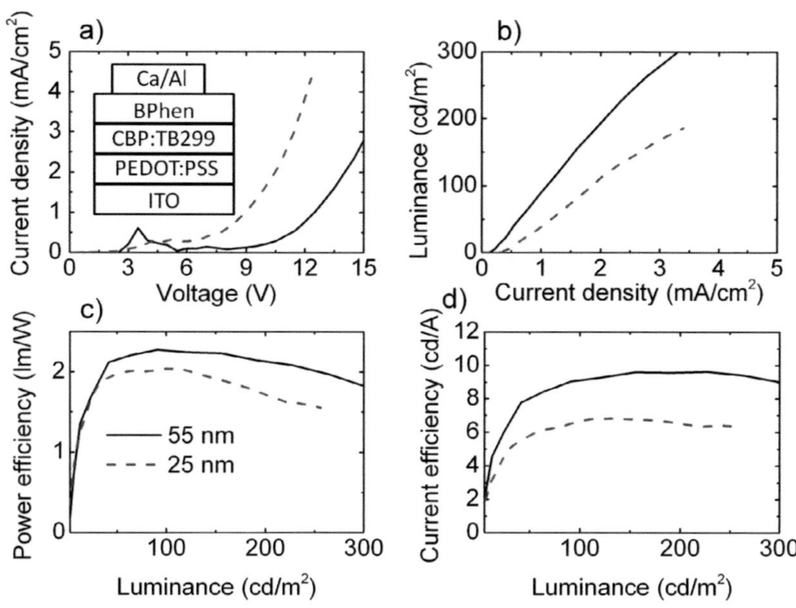

Bild 4.36.: Durch die Variation der Schichtdicke wird das Rekombinations-
zentrum von den Elektroden weg verschoben.

cy der OLEDs aus CBP:TB299 noch gering. Gründe hierfür können in
der schlechten Elektrolumineszenz des Emitter-Moleküls oder einem
nicht-optimierten Ladungstransport in der Emissionsschicht liegen.

Die JV-Kennlinie der TB299-OLEDs in Abbildung 4.37a ist gegenüber der JV-Kennlinie der Referenz Ir(ppy)$_3$-OLED aufgrund
der dickeren Emissionsschicht nach rechts verschoben. Auch an der
Leuchtdichte-Stromdichte-Kennlinien ist die Überlegenheit der Ir(pp-
y)$_3$-OLEDs gegenüber den TB299-OLEDs zu sehen. Bei kleineren
Stromdichten allerdings leuchten beide OLEDs etwa gleich effizient. Bei hohen Stromdichten, wo die Ladungsträger- und Exzitonen-
Konzentrationen sehr hoch sind, sind die Ir(ppy)$_3$-Emitter den Kupfer-
Komplexen jedoch deutlich überlegen.

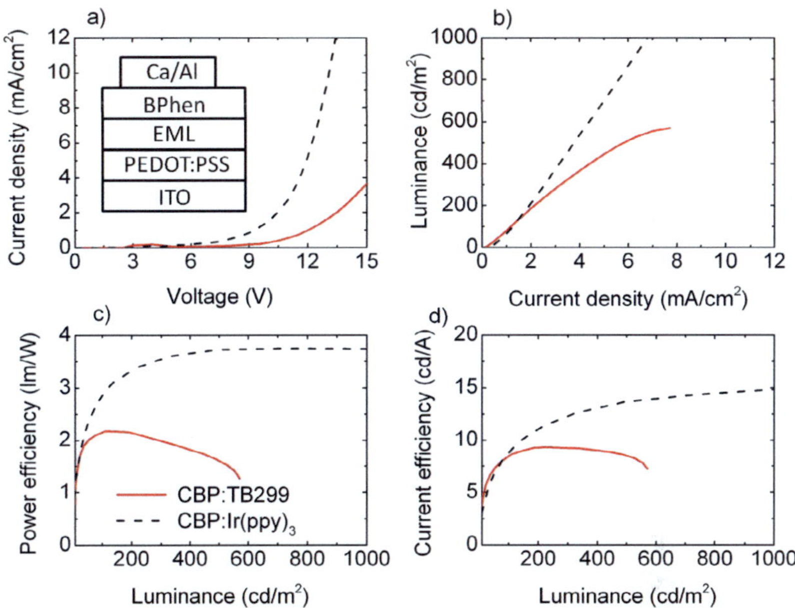

Bild 4.37.: Vergleich von OLEDs mit Emissionsschichten aus CBP:Ir(ppy)$_3$ und CBP:TB299. Zwar funktionieren die OLEDs mit TB299 noch nicht so effizient wie OLEDs mit Ir(ppy)$_3$-Emittern, jedoch befinden sich Emitter aus Kupfer-Komplexen noch am Anfang ihrer Entwicklung, so dass noch ein erhebliches Optimierungspotenzial vorhanden ist.

4.3. Blockschichten

Während Injektionsschichten dabei helfen, die Ladungsträger in das Bauelement zu injizieren, begrenzen Blockschichten den Überfluss einer Ladungsträger-Sorte, damit ein Gleichgewicht der Elektronen und Löcher in der Emissionsschicht erreicht wird. Das Gleichgewicht kann z.B. durch eine dickere Emissionsschicht die Effizienz der OLEDs erheblich verbessern, wie im 4.2.2 gezeigt wird. Nachteilig an dieser Herangehensweise ist die viel höhere Betriebsspannung der Solarzelle. In Kapitel 4.1.1 wurde bereits gezeigt, dass das Quenching von Exzitonen an einer Grenzfläche zu einer stark dotierten Injektionsschicht durchaus bemerkbar sein kann. Diese Erhöhung der Betriebsspannung und die Vernichtung von Exzitonen können durch eine Blockschicht reduziert werden, wodurch die Effizienz der OLEDs steigt.

4.3.1. Löcher-Blockschichten (HBL)

In den vorangehenden Kapiteln wurden Emissionsschichten aus SuperYellow und CBP:Ir(ppy)$_3$ diskutiert. Beide Materialien zeigen eine höhere Loch- als Elektronen-Mobilität, was zu einem Ungleichgewicht der Ladungsträger im Bauelement führt. Überzählige Löcher können an die Grenze zur Kathode gelangen und dort nichtstrahlend rekombinieren. Um diesen Verlust zu reduzieren, wird eine Löcher-Blockschicht (HBL) zwischen der Emissionsschicht und der Kathode eingebracht.

HBL aus TAZ

Als Lochblocker wird im Folgenden eine TAZ-Schicht verwendet. Im Vergleich zu anderen HBL-Materialien, besitzt TAZ ein sehr tiefes HOMO-Niveau von 6,6 eV [61]. Um die unteren Schichten nicht zu beschädigen, wird TAZ aus Ethylaktat auf SuperYellow abgeschieden (Schichtdicke 10 nm).

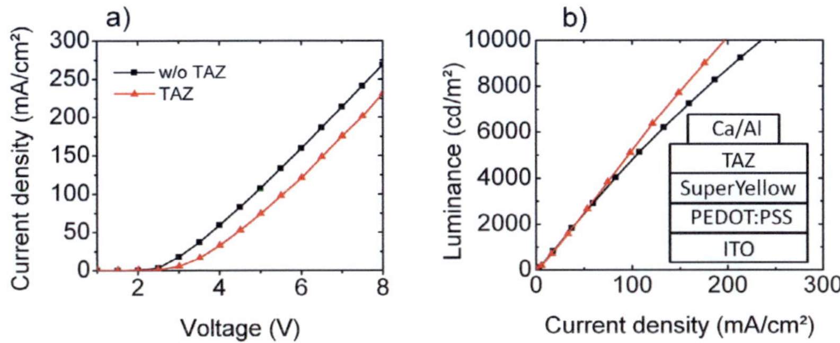

Bild 4.38.: Vergleich der elektrischen Eigenschaften von OLEDs mit und ohne TAZ-Blockschicht. (a) Der Schicht-Widerstand von TAZ verschiebt die JV-Kennlinie zu höheren Spannungen. (b) Die Elektrolumineszenz wird bei Verwendung einer Blockschicht verbessert.

Blockschichten können sehr dünn gefertigt werden, weil die Schichtdicke lediglich die Diffusionslänge der Exzitonen (5-10 nm [57,74,142, 162,183]) überschreiten sollte. Daher ist die Betriebs-Spannung der OLEDs mit TAZ-Blockschicht nur geringfügig höher als die Betriebs-Spannung von OLEDs ohne diese Schicht (siehe Abbildung 4.38a). In Abbildung 4.38b wird bei Verwendung einer Blockschicht eine Verbesserung der Leuchtdichte bei hohen Stromdichten bzw. bei hohen Ladungsträger-Konzentrationen sichtbar. Für eine vorgegebene Leuchtdichte fließt somit entweder ein geringerer Dunkelstrom durch das Bauelement oder aber die interne Quanteneffizienz der lichtemittierenden Schicht wird verbessert. Da es für Letzteres keine Anhaltspunkte gibt, wirkt sich die Blockschicht direkt auf den Dunkelstrom der OLED aus.

Die Ergebnisse in Abbildung 4.39 zeigen, dass OLEDs mit einer Blockschicht aus TAZ bei einer Spannung von mehr als 4 V höhere Power Efficiencies zeigen. Bei Spannungen unter 4 V ist die Power Efficiency von OLEDs mit TAZ-Schicht niedriger. Abbildung 4.38b

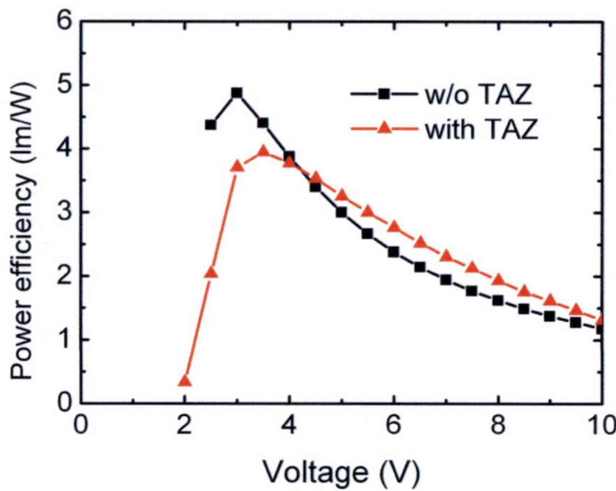

Bild 4.39.: Power Efficiency von OLEDs mit einer dünnen TAZ-Schicht.
Obwohl die zusätzliche TAZ-Schicht eine Erhöhung der Betriebsspannung bewirkt, wird die die Power Efficiency aufgrund
der Erhöhung der Leuchtdichte verbessert.

zeigt gleiche Leuchtdichten der OLED und des Referenz-Bauelementes
für Stromdichten unter $100\,\mathrm{mA/cm^2}$. Ab einem Strom von ca. $100\,\mathrm{mA/}$
$\mathrm{cm^2}$ bzw. einer Leuchtdichte von über $3000\ \mathrm{cd/m^2}$ ist im TAZ-
Bauelement der Gewinn an Stromdichte höher als der Verlust an
Spannung. Die TAZ-Schicht bewirkt damit einen Netto-Gewinn an
Effizienz.

Vergleich zwischen TPBi und BPhen

Die Blockfunktion der BPhen-Schicht wurde bereits in Kapitel 4.2.1
diskutiert. Nicht nur bei fluoreszierenden OLEDs wird eine HBL-
Schicht benötigt - auch bei den phosphoreszierenden OLEDs spielt die
HBL-Schicht eine große Rolle, um die Bauelement-Effizienz zu steigern. Die Rolle der HBL-Schicht ist für phosphoreszierende OLEDs
sogar noch entscheidender, da Triplett-Exzitonen eine längere Le-

bensdauer und somit eine erhöhte nicht-strahlende Rekombinationswahrscheinlichkeit besitzen. Daher werden im Folgenden zwei Materialien mit lochblockenden Eigenschaften auf ihren Nutzen für phosphoreszierende OLEDs hin untersucht. Hierzu werden OLEDs mit einer ITO/PEDOT:PSS /(CBP:PS):Ir(ppy)$_3$/HBL/LiF/Al-Architek-
tur untersucht, wobei die HIL- und EML-Schichten auf der Flüssigphase aufgebracht werden und die HBL sowie die Kathode aufgedampft werden.

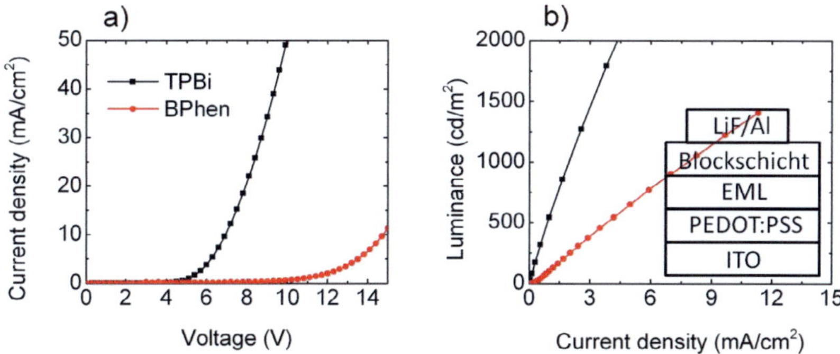

Bild 4.40.: Vergleich der Eigenschaften von den OLEDs mit zwei unterschiedlichen HBL-Schichten. TPBi zeigt nicht nur die bessere Strom-Spannungs-Beziehung sondern auch die bessere
Blockfunktion.

In Abbildung 4.40a wird ein signifikanter Unterschied der JV-
Kennlinien von TPBi und BPhen deutlich. OLEDs mit einer Blockschicht aus BPhen benötigen höhere Betriebsspannungen für gleiche
Stromdichten. Eine wahrscheinliche Ursache ist der Unterschied zwischen den LUMOs von TPBi und BPhen. Während in der Literatur
für TPBi LUMO-Werte zwischen 2,1 - 2,7 eV zu finden sind [88], wird
das LUMO von BPhen mit ca. 3 - 3.3 eV angegeben. Das LUMO von
CBP hingegen liegt bei ca. 2,4 - 2,6 eV. Somit gibt es eine Potenzialbarriere bei der Injektion der Elektronen aus BPhen in CBP. Im

Gegensatz dazu gibt es keine Potenzialbarriere für Elektronen bei der Injektion aus TPBi in CBP (Abbildung 4.41). Die verlustfreie Injektion der Elektronen aus der Elektrode in den HBL, wird durch eine ultradünne Dipol-Schicht aus LiF gewährleistet.

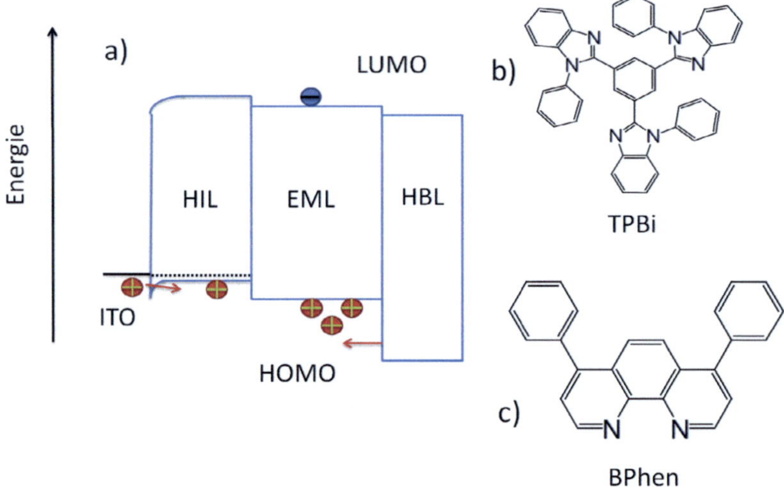

Bild 4.41.: Energie-Bandschema der OLEDs mit TAZ- und TPBi-Blockschichten. (a) Elektronen müssen eine Potenzialbarriere überwinden, wenn die Blockschicht aus BPhen realisiert wird. (b) Bei einer Verwendung von TPBi gibt es keine Barriere für die Elektronen bei der Injektion von Elektronen in die Emitterschicht. Ferner kann TPBi verhindern, dass Triplett-Exzitonen vom Ir(ppy)$_3$ zur Kathode wandern.

Der Unterschied zwischen beiden Kurven in Abbildung 4.40b kann durch eine lange Lebensdauer von Triplett-Exzitonen erklärt werden. Langlebige Tripletts können durch dünne Blockschichten tunneln und an der Grenzfläche mit der Kathode rekombinieren. Im Falle einer Blockschicht aus BPhen, können die Tripletts darüber hinaus von Ir(ppy)$_3$ (E_T = 2,54 eV - 2.7 eV [187]) auf BPhen übergehen, das energetisch günstigere Triplett-Niveaus bietet (E_T = 2,5 eV [78, 100]).

Hier wird der Vorteil der TPBi-Blocksicht deutlich: Da die Triplett-Energie von TPBi bei ca. 2,7 eV [110, 115] liegt, können Triplett-Exzitonen effizienter geblockt werden. CBP hat eine höhere Loch- als Elektronen-Mobilität [82, 118]. Daher werden die meisten Exzitonen näher an der Kathode gebildet. Dies unterstreicht die Notwendigkeit einer Loch- und Exzitonen-Blockschicht. Außerdem können Singuletts aufgrund der starken Spin-Bahn-Kopplung in Ir(ppy)$_3$ in Tripletts umgewandelt werden. Die Dichte der Löcher an dieser Grenze kann noch höher sein.

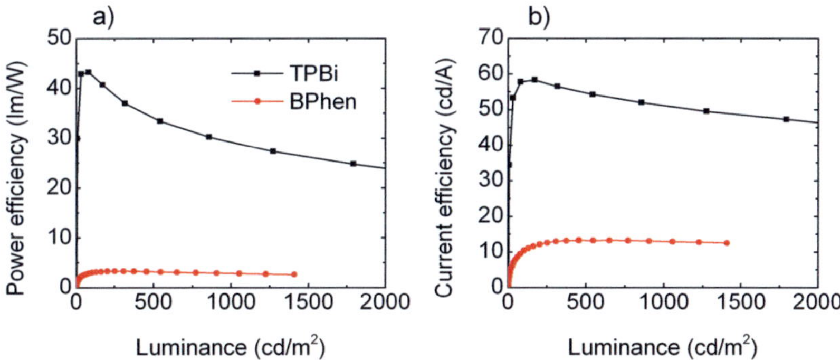

Bild 4.42.: Effizienz-Vergleich der OLEDs: OLEDs mit einer Blockschicht aus BPhen zeigen eine deutlich niedrigere Effizienz als die OLEDs mit einer Triplett-Blockschicht aus TPBi.

Die Erhöhung der Power Efficiency von OLEDs mit TPBi-Schicht in Abbildung 4.42a ist deutlich höher, da die OLEDs mit TPBi Schicht kleinere Betriebsspannungen benötigen. Außerdem rekombinieren mehr Exzitonen nichtstrahlend (siehe Abbildung 4.42b). OLEDs mit TPBi-Schicht zeigen eine vielfach höhere Current Efficiency als OLEDs mit einer BPhen-Blockschicht, und zeigen somit eindrucksvoll den Nutzen einer Blockschicht für Triplett-Exzitonen. Nicht zuletzt, weil Triplett-Exzitonen aufgrund der Spin-Wahrscheinlichkeit etwa dreimal häufiger im Bauelement erzeugt werden als

Singulett-Exzitonen, können die Ladungsträger wesentlich effizienter in Photonen gewandelt werden.

5. Organische Solarzellen

Der Einsatz halbleitender Polymere eröffnet die Möglichkeit, ultradünne, flexible und leichte elektronische Bauelemente mithilfe von kostengünstigen Druck- und Beschichtungstechnologien herzustellen. Insbesondere organische Solarzellen (OSCs) machen sich diese Vorteile zu nutzen. So können viele neue Anwendungsfelder erschlossen werden, die der anorganischen Photovoltaik bisher nicht zugänglich waren. Ein Beispiel hierfür sind portable Solarzellen, die aufgrund ihres geringen Gewichtes und ihrer mechanischen Flexibilität in Taschen oder Rucksäcken integriert werden können. So können jederzeit weitere mobile elektronische Geräte wie Handys oder MP3-Player aufgeladen werden. Bisher wird in organischen Solarzellen jedoch üblicherweise eine transparente Elektrode aus Indiumzinnoxid (ITO) verwendet. Da ITO über Vakuumprozesse aufgebracht werden muss und darüber hinaus relativ teuer und spröde ist, wird dringend nach alternativen, flüssigprozessierbaren Elektroden gesucht [122].
Daher wird in diesem Kapitel der hochleitfähige Polyelektrolyt-Komplex PEDOT:PSS anstelle von ITO als transparente Anode in organischen Solarzellen untersucht.

5.1. Polymer-Anoden aus PEDOT:PSS

Wie in Kapitel 2.4.1 erläutert wurde, enthält eine Solarzelle mindestens eine transparente Elektrode. Diese Elektrode muss im lichtempfindlichem Bereich des Absorber-Polymers möglichst transparent sein um diesen nicht abzuschatten. Außerdem muss sie möglichst leitfähig sein, um die generierten Ladungsträger effizient zu den Kontakten abzuführen. In den letzten Jahren schritt die Entwicklung von transparenten und leitfähigen Polymeren schnell voran. So wurde 2009 von unserer Arbeitsgruppe eine ITO-freie Solarzelle mit einer Polymeranode vorgestellt [30]. Darin wurde gezeigt, dass die PEDOT:PSS Formulierung PH500 von Hereaus ein hohes Potenzial bietet, ITO zu ersetzen. Die hergestellten PH500-Elektroden sind mechanisch flexibel und transparent, jedoch waren die Wirkungsgrade der Solarzellen mit PH500-Anode geringer als die von Solarzellen mit ITO-Anode. Dies war vor allem durch die im Vergleich mit ITO geringere Querleitfähigkeit der PH500-Elektrode bedingt. Daher wird eine neue PEDOT:PSS Dispersion (PH750) als alternative Elektrode untersucht. Als besonders kritischer Parameter wird zunächst die Leitfähigkeit der PH750-Schichten bestimmt. Sie lässt sich über den gemessenen Flächenwiderstand einer PH750-Schicht sowie die zugehörige Schichtdicke berechnen (siehe Formel 3.5).

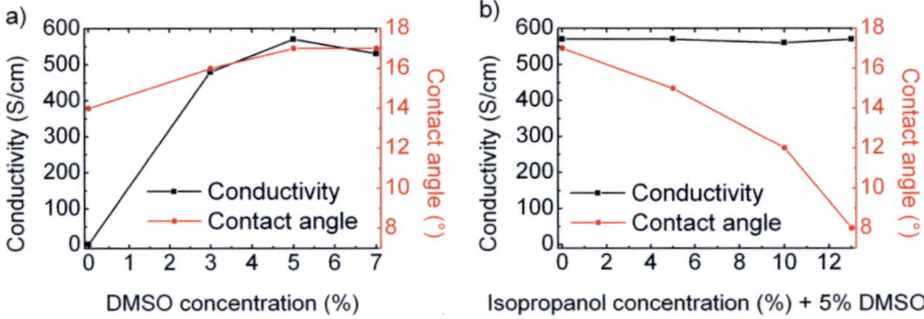

Bild 5.1.: (a): Einfluss des Beimischens von Dimethylsulfoxid (DMSO): Die Leitfähighkeit der PH750 Schicht wird erhöht. Gleichzeitig verschlechtert sich die Benetzung der Lösung auf ITO-Glas mit zunehmendem DMSO-Anteil, was durch den steigenden Kontaktwinkel gezeigt ist. (b): Einfluss der zusätzlichen Zugabe von Isopropanol: Während der Kontaktwinkel mit höherem Isopropanolanteil sinkt, bleibt die Leitfähigkeit der PEDOS:PSS-Schicht unverändert.

Wird die kommerziell erhältliche PH750-Formulierung direkt appliziert, ist die Leitfähigkeit der resultierenden Schicht gering. Es ist jedoch bekannt, dass die Leitfähigkeit von PEDOT:PSS durch das Beimischen eines Lösemittels mit hohem Siedepunkt verbessert werden kann [39, 90, 123]. Dieses Lösungsmittel verlängert die Trocknungsdauer von PEDOT:PSS und beeinflusst damit die Morphologie des Gemisches. Während der verlängerten Trocknung hat die PEDOT-Polymer-Kette mehr Zeit sich auszustrecken und PSS kann sich besser in das PEDOT hinein mischen [31, 131]. Diese Anordnung führt zu einer besseren Dotierung des PEDOTs, was in einer erhöhten Leitfähigkeit der Schicht resultiert. Unsere Experimente haben gezeigt, dass die Leitfähigkeit von PH750 durch das Beimischen von Dimethylsulfoxid (DMSO) um mehr als zwei Größenordnungen gesteigert werden kann, Abbildung 5.1a. Schon durch die Zugabe von 3 Vol.% DMSO zu der PH750-Dispersion steigt die Leitfähigkeit der PEDOT:PSS Schicht von 1,3 S/cm auf 475 S/cm an. Die höchste Leitfähigkeit von 571 S/cm wird durch die Zugabe von 5 Vol.% DMSO erreicht, was jedoch im Vergleich zu ITO (5500 S/cm) immer noch deutlich geringer ist. Aus Gleichung 3.5 ist ersichtlich, dass die Querleitfähigkeit einer Schicht von ihrem Flächenwiderstand abhängt. Dieser verhält sich umgekehrt proportional zur Schichtdicke, so dass dickere PEDOT:PSS-Schichten zu einem geringeren Flächenwiderstand und somit einer höheren Querleitfähigkeit führen. Zur Herstellung noch leitfähigerer PEDOT:PSS-Filme können demnach mehrere Schichten übereinander appliziert werden.

Neben der Erhöhung der Leitfähigkeit verschlechtert das Beimischen von DMSO die Benetzung der PEDOT:PSS-Dispersionen auf ITO-Glas jedoch deutlich (siehe Abbildung 5.1a). Um die Benetzungseigenschaften einer Lösung auf einer Oberfläche zu bestimmen, wird der Kontaktwinkel zwischen Flüssigkeit und Oberfläche gemessen. Je größer der Kontaktwinkel ist, desto schlechter benetzt die Lösung auf dem Substrat. Abbildung 5.1a zeigt die Zunahme des Kontaktwinkels zwischen ITO-Glas und der PH750-Dispersion mit steigendem DMSO-Anteil. Bei der Zugabe von 5 Vol.% DMSO steigt der Kontaktwinkel bereits auf über 16°. Dennoch kann eine einzelne PEDOT:PSS-Schicht auf ITO-Glas homogen appliziert werden. Um die Querleitfähigkeit der Schicht zu erhöhen, sollen jedoch mehrere PEDOT:PSS-Filme übereinander abgeschieden werden. Dies ist bei der Verwendung der so modifizierten PH750-Dispersion aufgrund der unzureichenden Benetzung nicht möglich. Daher wird der modifizierten PH750-Dispersion zusätzlich Isopropanol beigemischt, um ihre Benetzung wieder zu verbessern. Abbildung 5.1b zeigt, dass die Leitfähigkeit der resultierenden Schicht unabhängig vom Isopropanol-Anteil in der Lösung ist. Dagegen verringert sich der Kontaktwinkel mit zunehmender Isopropanol-Konzentration stark. Werden der Dispersion mehr als 13 Vol.% Isopropanol beigemischt fällt der Kontaktwinkel unter 8°, womit auch das Auftragen mehrerer PEDOT:PSS-Schichten übereinander möglich wird. Nachdem die PH750-Dispersion hinsichtlich Benetzungsverhalten und Leitfähigkeit optimiert wurde, werden ITO-freie Solarzellen auf PEDOT:PSS Anoden hergestellt. In späteren, großflächigen Solarzellen wird der laterale Ladungstransport bzw. die Quer-Leitfähigkeit der Anode zusätzlich durch ein dünnes Metallgitter unterstützt werden, um den Serienwiderstand der Solarzelle gering zu halten. Ein zusätzliches Metallgitter auf der transparenten Anode verhindert jedoch teilweise, dass Licht in die Absorptionsschicht gelangt. Je dichter das Gitter ist, desto weniger Photonen können absorbiert werden. Daher ist ein möglichst großer Abstand zwischen den metallischen Gitterstrukturen erwünscht. Um den Einfluss der Entfernung der generierten Ladungsträger zu einer Metall-Sammel-Elektrode und damit den Ladungstransport durch die PEDOT:PSS Elektrode zu untersuchen, werden drei Solarzellen in verschiedenen Abständen zum Metall-

Anodenkontakt hergestellt. Die Anordnung der einzelnen Solarzellen auf dem Substrat ist in Abbildung 5.2 gezeigt.

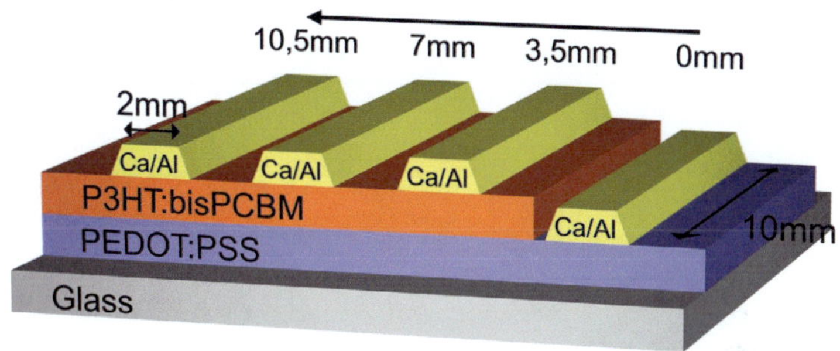

Bild 5.2.: Struktur und Anordnung der ITO-freien Solarzellen in der Test-struktur. Die Solarzellen werden im Abstand von 3,5 mm, 7,0 mm und 10,5 mm zur Metall-Sammelanode aufgebracht.

Die drei Solarzellen sind 3,5 mm, 7,0 mm und 10,5 mm vom Sammelkontakt entfernt und werden im Folgenden mit Pos. I, Pos. II und Pos. III benannt. Der Strom, der an Pos. III generiert wird, muss am weitesten durch die PEDOT:PSS Elektrode geleitet werden. Für alle Experimente wird die folgende Solarzellen-Architektur verwendet: PEDOT:PSS / P3HT:bisPC61BM / Ca / Al. Die freien Ladungsträger werden in der P3HT:bisPC61BM *Bulk-Heterojunction* erzeugt. Für die Herstellung der Polymer-Anode werden die PEDOT:PSS-Dispersionen PH500 und PH750 verwendet.

Zunächst werden die Serienwiderstände der unterschiedlichen Solarzellen miteinander verglichen. Gemäß dem Solarzellen-Ersatzschaltbild, Abbildung 2.30, kann der Serienwiderstand als differentieller Widerstand bei hohen Spannungen in Vorwärtsrichtung anhand der JV-Kennlinie unter Beleuchtung bestimmt werden. Die gemessenen JV-Kennlinien der hergestellten Solarzellen sind in Abbildung 5.3 gezeigt. Die Serienwiderstände werden zwischen 1,0 V und 1,2 V aus

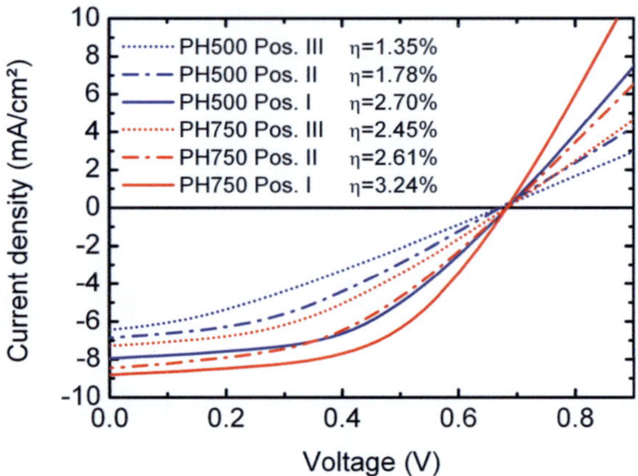

Bild 5.3.: JV-Kennlinien von Solarzellen mit unterschiedlichen PE-DOT:PSS Anoden. Pos. I, II, III kennzeichnet die Entfernung der Solarzelle von der Metall-Sammelanode.

der Steigung der JV-Kennlinie berechnet. Es ergeben sich die folgenden Werte: $169\,\Omega$, $130\,\Omega$ bzw. $65\,\Omega$ für die Pos. III, Pos. II bzw. Pos. I für Solarzellen mit PH750-Anode und $301\,\Omega$, $197\,\Omega$ bzw. $92\,\Omega$ bei einer PH500-Anode. Daraus ist ersichtlich dass der Serienwiderstand der Solarzellen stark vom Abstand zur Metall-Sammelanode abhängt. Bei Verwendung einer PH500-Anode verdoppelt bzw. verdreifacht sich der Serienwiderstand der Zellen an Pos. II bzw. Pos. III im Vergleich zu der Zelle an Pos. I. Dieser Anstieg ist in Solarzellen mit PH750-Anode weniger stark ausgeprägt. Zusätzlich ist in Abbildung 5.3 zu erkennen, dass die Stromdichte und der Füllfaktor der Solarzellen ebenfalls mit zunehmendem Abstand von der Metall-Sammelanode sinken. Auch diese Reduktionen werden durch den steigenden Serienwiderstand der Zellen verursacht. Es zeigt sich wiederum, dass die Stromabnahme der PH500-basierten Zellen an gleicher Stelle stärker ausgeprägt ist als in Zellen mit PH750-Anode. In Folge verliert die Solarzelle mit PH500-Anode an Position III im

Vergleich zur Solarzelle an Position I mehr als die Hälfte ihrer Effizienz (2,7 % auf 1,35 %). Wird hingegen eine PH750-Anode verwendet, reduziert sich die Effizienz nur um ein Drittel (3,24 % auf 2,45 %), Abbildung 5.3.

Infolgedessen konnte die durch Beimischung von 5 Vol.% DMSO und 13 Vol.% Isopropanol modifizierte PH750-Dispersion als optimale Formulierung zur Herstellung einer transparenten, leitfähigen Anode für organische Solarzellen identifiziert werden. Im Folgenden wird eine so hergestellte PEDOT:PSS-Elektrode mit einer kommerziellen, gesputterten ITO-Elektrode verglichen.

Wie die vorhergehenden Experimente gezeigt haben, hängt die Effizienz einer Solarzelle besonders stark von der Quer-Leitfähigkeit der Elektroden ab. Aus diesem Grund wurde die Schichtdicke der PH750-Anode weiter gesteigert, um die Leitfähigkeit der PEDOT:PSS-Schicht zu erhöhen. Zur Herstellung dickerer PH750-Schichten wurden mehrere PEDOT:PSS-Schichten übereinander aufgetragen. Alle PEDOT:PSS-Schichten wurden für 150 Sekunden mit 1500 Umdrehungen pro Minute (U/min) im *Spincoater* aufgeschleudert. Nach jeder Beschichtung wurden sie für 10 Minuten bei 150 °C im Vakuumofen ausgeheizt. Dies wurde für eine zweite oder dritte Beschichtung genauso wiederholt.

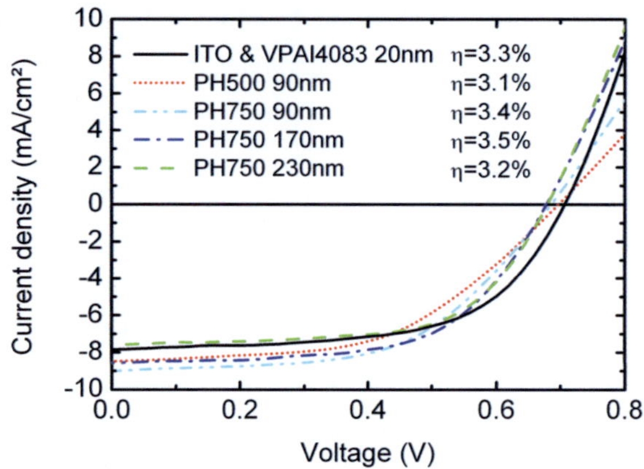

Bild 5.4.: JV-Kennlinien von Solarzellen mit PEDOT:PSS-Anoden unterschiedlicher Dicke im Vergleich zu einer Referenzsolarzelle mit ITO-Anode.

Die JV-Kennlinien der resultierenden Solarzellen sind in Abbildung 5.4 gezeigt. Für eine 90 nm dicke PEDOT:PSS-Anode kann der Unterschied zwischen den Kurven einer PH500- und PH750-basierten Solarzelle mit den unterschiedlichen Serienwiderständen erklärt werden. Dies allein reicht jedoch nicht aus, um die Unterschiede der JV-Kennlinien von Solarzellen mit unterschiedlich dicken PH750-Anoden zu erklären. Obwohl der Serienwiderstand der Solarzelle mit einer 230 nm dicken PH750-Anode am geringsten ist, weist die Zelle nicht die höchste Stromdichte auf. Die Erklärung hierfür findet sich in Formel 2.19. Nach dieser Gleichung hängt der Kurzschlussstrom nicht nur vom Serienwiderstand der Zelle, sondern auch vom generierten Photostrom ab. Eine dickere Polymer-Anode erniedrigt einerseits den Serienwiderstand, weist andererseits jedoch eine geringere Transmission auf. Dies kann dazu führen, dass weniger Photonen die photoaktive *Bulk-Heterojunction* erreichen und somit weniger freie Ladungsträger generiert werden. Damit könnte der geringere Photostrom erklärt werden. Darüber hinaus weisen die Solarzellen mit PH750-Anode im Maximum eine höhere Stromdichte als Solarzellen mit ITO-Anode auf. Es liegt daher die Vermutung nahe, dass die hochleitfähige PEDOT:PSS-Anode aus PH750 transparenter ist als eine ITO/PEDOT:PSS(VPAI 4083)-Elektrode. Um dieses zu überprüfen, wurde die Transmission der unterschiedlichen Elektrodensysteme gemessen, Abbildung 5.5.

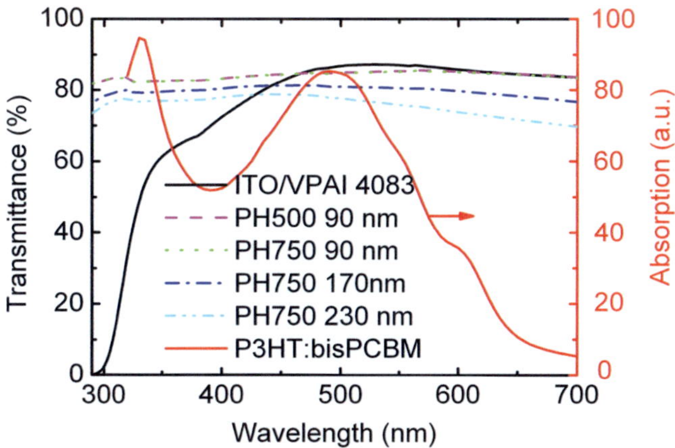

Bild 5.5.: Transmissionsspektren der unterschiedlichen Anoden sowie das Absorptionsspektrum einer P3HT:bisPC61BM *Bulk-Heterojunction*. Die Transmission der PEDOT:PSS Schichten nimmt mit der Schichtdicke ab und ist für Wellenlängen unter 430 nm höher als die von ITO. Der Transmissionsverlauf der *Bulk-Heterojunction* weist zwei Minima um 500 nm und 330 nm auf.

Es zeigt sich, dass beide PEDOT:PSS Formulierungen (PH500 und PH750) bei gleicher Schichtdicke identische Transmissions-Eigenschaften im sichtbaren Wellenlängenbereich aufweisen. Folglich wird der Stromdichte-Differenz zwischen Solarzellen mit PH500- und PH750-Anode allein durch den Unterschied der Serienwiderstände und somit der Leitfähigkeit der PEDOT:PSS-Elektrode verursacht. Die erhöhte Stromdichte von Solarzellen mit PH750-Anode im Vergleich mit einer ITO/PEDOT:PSS(VPAI 4083)-Anode kann ebenfalls anhand der Transmission erklärt werden. Während die Transmission von ITO im Bereich zwischen 430 nm und 700 nm höher ist als die der dünnen PH750-Schicht ist, ist sie im Bereich unter 430 nm geringer. Dies ist besonders kritisch da die P3HT:bisPC61BM *Bulk-Heterojunction* in diesem Bereich photoaktiv ist. Folglich wird durch die parasitäre Absorption in der ITO-Schicht die Anzahl der in der *Bulk-Heterojunction* absorbierten Photonen verringert, was zu einer verminderten Kurzschlussstromdichte führt.

Weiterhin ist in Abbildung 5.5 eine abnehmende Transmission der PH750-Schicht mit zunehmender Dicke gezeigt. Bei 500 nm, der Wellenlänge bei der P3HT am stärksten absorbiert, beträgt die Transmission der 90 nm, 170 nm bzw. 230 nm dicken PH750-Schicht 85 %, 81 % bzw. 78 %. Diese parasitäre Absorption in der PEDOT:PSS-Schicht führt wiederum zu einer Reduktion der in der *Bulk-Heterojunction* absorbierten Photonenanzahl.

Die gegenläufigen Effekte, Erhöhung der Quer-Leitfähigkeit und Abnahme der Transmission mit zunehmender PH750-Dicke, führen dazu, dass die Solarzellen eine maximale Effizienz von 3,5 % bei einer 170 nm dicken PEDOT:PSS-Anode aus PH750 aufweisen. Bei einer 90 nm PEDOT:PSS-Anode wird die Effizienz durch die geringe Quer-Leitfähigkeit begrenzt, während die 230 nm dicke PEDOT:PSS-Anode die Effizienz der Solarzelle durch die verminderte Transmission limitiert.

6. Organische thermoelektrische Generatoren

Thermoelektrische Generatoren (TEG) aus anorganischen Materialien werden bereits in vielen Bereichen eingesetzt. TEGs auf Basis anorganischer Halbleiter ermöglichen derzeit Gütefaktoren ZT von ungefähr eins. Wie aus Gleichung 2.40 ersichtlich ist, hängt der Gütefaktor hauptsächlich vom Seebeck-Koeffizient, der elektrischen Leitfähigkeit und der thermischen Leitfähigkeit ab. Diese Größen sind aber bei anorganischen Halbeitern über die freien Ladungsträgerdichten verknüpft und sind damit nicht unabhängig voneinander einstellbar, wodurch sich eine weitere Steigerung des Gütefaktors schwierig gestaltet. Organische Halbleiter zeichnen sich durch eine geringe Wärmeleitfähigkeit aus. Auch kann die elektrische Leitfähigkeit für organische Halbleiter, z.B. spezielle PEDOT:PSS-Formulierungen, bis in den Bereich anorganischer Halbleiter gesteigert werden [182]. Weiterhin ist eine kostengünstige Herstellung aus der Flüssigphase möglich. Deshalb soll im Folgenden die Verwendbarkeit von n- und p-dotierten, flüssigprozessierten, organischen Halbleitern für TEGs untersucht werden. Dies geschieht konkret an zwei hochleitfähigen, p-dotierten PEDOT:PSS-Formulierungen (PH500 und PH750) und einer n-Dotierung bestehend aus PCBM als Matrixmolekül und Rhodamin B (RhB) als Dotand.

Zur Vermessung der thermoelektrischen Eigenschaften der organischen Halbleiter wurde der in Kapitel 3.3.4 beschriebene Messplatz verwendet. Damit keine parasitären Potentialdifferenzen über den Messkontaktflächen selbst entstehen, werden auf die Glassubstrate, wie in Abbildung 6.1 dargestellt, dünne Metallkontakte aufgedampft. Die organische Schicht wird dann per Rakeln oder Aufschleudern appliziert. Um eine vollständige Bedeckung auch bei sehr dünnen organischen Schichten zu gewährleisten, wird der Metallkontakt nur mit einer Dicke von 30 nm aufgedampft. Aluminium und Gold haben sich im Gegensatz zu ITO aufgrund ihres vernachlässigbaren Seebeck-Koeffizienten als geeignete Materialien für die Kontaktflächen erwiesen [98]. Um ein eventuelles elektrisches Übersprechen zwischen Temperatur- und Spannungsmessung zu minimieren, sind die Kontaktflächen für die Temperaturfühler getrennt von den Kontakten für die Spannungsmessung ausgeführt.

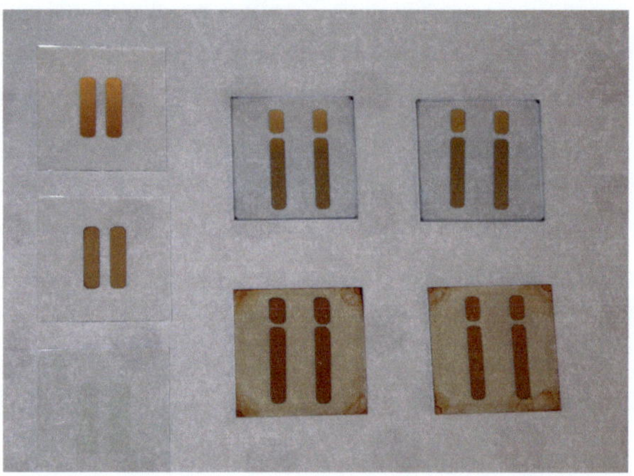

Bild 6.1.: Verwendete Materialien für die Kontaktflächen: Gold (links oben), Aluminium (links mittig), ITO (links unten). Für die Messungen an den untersuchten organischen Halbleitern verwendetes Layout: PEDOT:PSS auf Aluminium-Kontakten (Mitte und rechts oben), PCBM:RhB auf Aluminium-Kontakten (Mitte und rechts unten). Die Kontaktflächen für die Temperaturmessung sind für beide Elektroden entkoppelt von den Kontakten für die Spannungsmessung.

6.1. p-dotiere organische Halbleiter

Ein guter Kandidat für organische TEGs ist das p-dotierte PE-DOT:PSS. Wie aus Tabelle 6.1 zu erkennen, kann die Leitfähigkeit von PEDOT:PSS durch die Zugabe von Additiven wie Dimethyl-sulfoxid (DMSO) über mehrere Größenordnungen verändert werden.

PEDOT:PSS Typ	DMSO (vol.%)	ISO (vol.%)	Leitfähigkeit (S/cm)
PH750	0	0	1,3
PH750	3	0	475
PH750	5	0	567
PH750	7	0	527
PH750	5	5	571
PH750	5	10	563
PH750	5	13	571
PH500	0	0	0,5
PH500	3	0	228
PH500	5	0	329
PH500	5	5	332
PH500	5	10	327

Tabelle 6.1.: Leitfähigkeitsänderung von PH500 und PH750 in Abhängigkeit des DMSO- und Isopropanolgehaltes.

Da der thermoelektrische Gütefaktor ZT proportional zum Quadrat des Seebeck-Koeffizienten ist, wurde dieser für verschiedene leitfähige PEDOT:PSS-Formulierungen bestimmt, Abbildung 6.2. Obwohl sich die Leitfähigkeit von PH750 ohne Additive im Vergleich zu PH750 + 5 vol% DMSO + 13 vol% Isopropanol um mehr als zwei Größenordnungen unterscheidet, ändert sich der Seebeck-Koeffizient fast nicht.

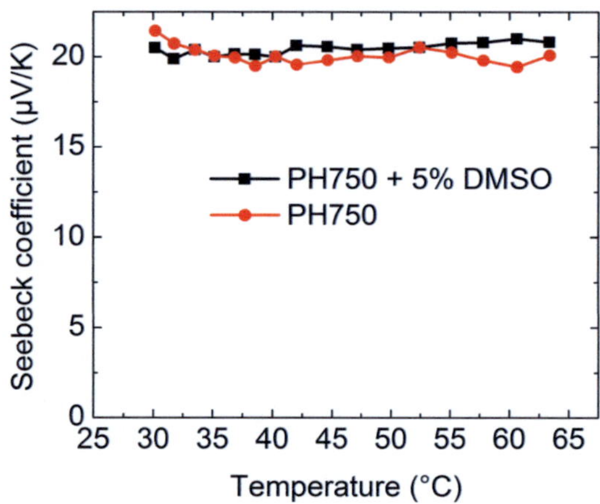

Bild 6.2.: Der Seebeck-Koeffizient von PH750 ohne Additive (rote Kurve) und PH750 mit Additiven (schwarze Kurve) bleibt trotz einer elektrischen Leitfähigkeitszunahme um zwei Größenordnungen nahezu unverändert.

Die Messungen zeigen, dass die Leitfähigkeit im Gegensatz zu anorganischen Halbleitern vom Seebeck-Koeffizienten entkoppelt ist. Zur Überprüfung dieser Beobachtung wurde zusätzlich PH500 mit verschiedenen Additivkonzentrationen vermessen. Die Ergebnisse in Abbildung 6.3 zeigen die gleiche Unabhängigkeit des Seebeck-Koeffizienten von der Leitfähigkeit der PEDOT:PSS-Formulierung.

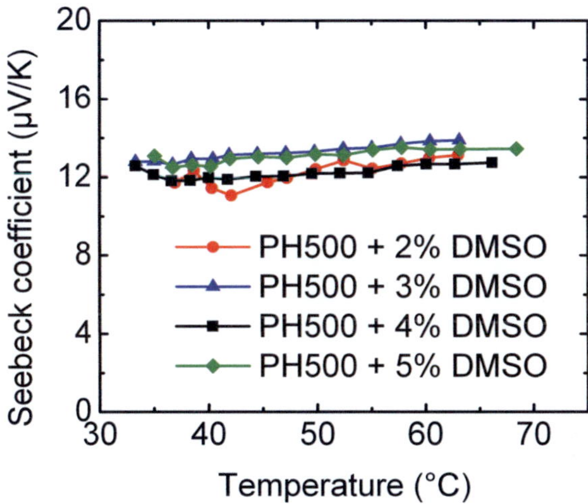

Bild 6.3.: Vergleich der Seebeck-Koeffizienten von PH500 mit verschiedenen DMSO-Konzentrationen. Wie schon bei PH750 ist keine nennenswerte Änderung des Seebeck-Koeffizienten trotz erhöhter Leitfähigkeit der PEDOT:PSS-Formulierungen mit Additiven zu sehen.

Die Werte aller PH500-Formulierungen sind niedriger als die des leitfähigeren PH750, was im Gegensatz zu den Erwartungen für anorganische Halbleiter steht. Die thermische Leitfähigkeit als letzter Parameter zur Bestimmung des Gütefaktors, wurde über die time-domain thermoreflectance (TDTR) Methode gemessen [15]. Diese Methode erlaubt die thermische Leitfähigkeit einer dünnen PEDOT:P-SS-Schicht von unter 100 nm zu bestimmen. Die Schichten mit einer Schichtdicke von 80 nm wurden auf ein Si-Substrat aufgebracht. Anschließend wird eine 100 nm dünne Aluminium-Schicht aufgedampft.

Die thermischen Leitfähigkeiten bleiben wie erwartet konstant, Abbildung 6.4. Mit den gemessenen Parametern kann nun der Gütefaktor ZT für verschiedene PEDOT:PSS-Formulierungen ermittelt werden. In Tabelle 6.2 wird exemplarisch die leitfähigste Variante

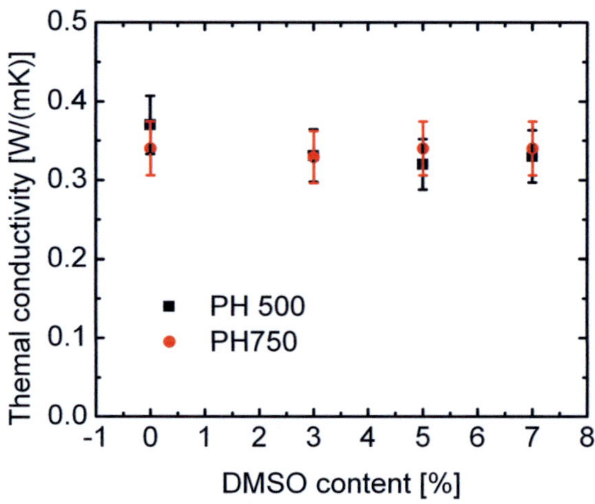

Bild 6.4.: Thermische Leitfähigkeiten von PH500 und PH750 mit unterschiedlichen DMSO-Konzentrationen. Die thermischen Leitfähigkeiten bleiben unverändert.

von PH500 und PH750 mit einem repräsentativen, anorganischen Halbleitermaterial für TEGs verglichen. Der GüteFaktor ZT der

Material	Temp. (°C)	See. (μV/K)	σ (S/cm)	λ (W/m K)	ZT
PH750	35	20	570	0,34	$2,3^{-2}$
PH500	35	13,8	330	0,32	$6,8^{-3}$
Bi_2Te_3 [148]	23	150	1300	1	0,95

Tabelle 6.2.: Vergleich der thermoelektrischen Eigenschaften von PH500, PH750 und Bismut-Tellurid.

PEDOT:PSS-Formulierungen ist immer noch viel kleiner als der Wert anorganischer Materialien. Die thermoelektrischen Eigenschaften der organischen Materialien können aber getrennt optimiert werden. Der ZT-Wert organischer Materialien ist deshalb einfacher zu modifizieren.

6.2. n-dotierte organische Halbleiter

Für die Realisierung eines OTEG wird weiterhin ein organischer n-leitender Halbleiter benötigt. In der Arbeit von A. Colsmann wird die Herstellung einer semitransparenten Solarzelle beschrieben [29], die eine flüssigprozessierte n-dotierte Schicht mit dem Matrixmolekül PCBM und dem Dotanden Rhodamin B beinhaltet. Mit dieser Dotierung sind Leitfähigkeiten bis zu $3{,}6 \cdot 10^{-4}\,\mathrm{S/cm}$ möglich [178]. Im Vergleich zu PEDOT:PSS hat PCBM:RhB damit eine um Größenordnungen geringere Leitfähigkeit. Aufgrund der quadratischen Abhängigkeit des thermoelektrischen Gütefaktors vom Seebeck-Koeffizienten, könnte bei einem deutlich größeren Seebeck-Koeffizienten von PCBM: RhB im Vergleich zu PEDOT:PSS dennoch ein Einsatz in OTEGs interessant sein und soll im Weiteren näher untersucht werden. Nachdem die Messungen in Kapitel 6.1 darauf hinweisen, dass die thermische Leitfähigkeit und der Seebeck-Koeffizient nicht stark von der Dotierung abhängen, soll nun überprüft werden, ob dieses Verhalten auch für das n-dotierte System PCBM:RhB zutrifft.

Auf die Glassubstrate mit aufgedampften Aluminium-Kontakten wird eine ungefähr 60 nm dicke PCBM:RhB-Schicht mit einer Rakel appliziert und sofort vermessen. PCBM und Rhodamin B werden jeweils in Dichlorbenzol mit gleicher Konzentration (40 mg/ml) getrennt angesetzt und nach 24 Stunden in verschiedenen Verhältnissen gemischt. Die Lösung wird anschließend auf einem Rüttler inert gelagert.

Die gefertigten Solarzellen in [29] haben die höchste Leerlaufspannung bei Dotierungsverhältnissen von 15 mol.% bis 20 mol.% geliefert. Das heißt, dass die Dotierung bei diesem Verhältnis wahrscheinlich am effizientesten funktioniert. Es bietet sich deshalb an, die Seebeck-Koeffizienten zweier Dotierungsverhältnisse in diesem Bereich über der Temperatur bei einer konstanten Temperaturdifferenz

ΔT= 10° C zu messen. Aus Abbildung 6.5 lassen sich drei Merkmale ablesen.

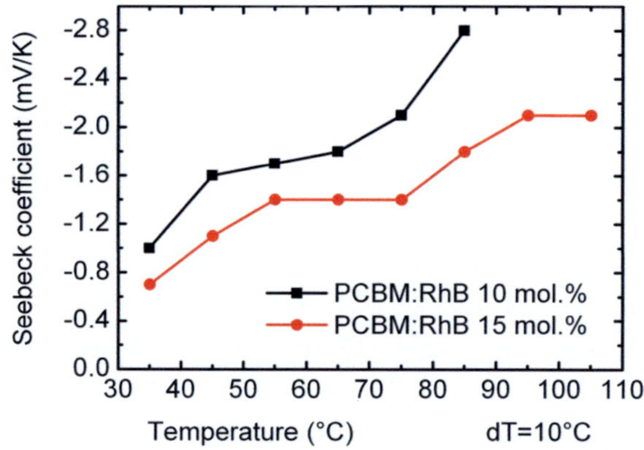

Bild 6.5.: Seebeck-Koeffizienten der flüssigprozessierten, n-dotierten Schichten mit unterschiedlicher Dotierungskonzentration. Die Koeffizienten werden bei einem festen Temperatur-Unterschied von ΔT= 10° C gemessen.

Erstens haben die Seebeck-Koeffizienten negative Werte. Es handelt sich also um vorwiegend n-leitende Materialien, wie dies für dotiertes PCBM zu erwarten war. Zweitens nehmen die Seebeck-Koeffizienten mit steigender Temperatur zu, obwohl die Temperaturdifferenz konstant gehalten wurde. Drittens liefert die Probe mit 10 mol.% RhB-Dotierung größere Koeffizienten als die Probe mit 15 mol.%. Betrachtet man die Gleichung 2.32, gibt es einen direkten Zusammenhang zwischen dem Seebeck-Koeffizient und dem Abstand vom Fermi-Niveau $E_f(T)$ zum Transport-Niveau E_T. Je größer der Abstand ist, desto größer ist der Seebeck-Koeffizient. Mit zunehmender Dotierung verschiebt sich das Fermi-Niveau näher ans Transport-Niveau. Der Ausdruck E_T-$E_f(T)$ und damit der Seebeck-Koeffizient werden kleiner. Dies wird mit den gemessenen Ergebnissen aus Abbildung 6.5 bestätigt. Überall sind die Seebeck-Koeffizienten der Probe mit 10 mol.% größer als die mit 15 mol.%. Die Absenkung der Koeffizienten bei kleinen Temperaturen lässt sich vermutlich damit erklären, dass das Fermi-Niveau sich mit der Temperatur verändert. Je höher die Temperatur, desto weiter entfernt sich das Fermi-Niveau des dotierten Halbleiters vom Transport-Niveau. Der Ausdruck E_T-$E_f(T)$ wird bei höherer Temperatur größer, was zu einem ansteigenden Seebeck-Koeffizient führt. Allerdings ist der gemessene Anstieg allein durch diesen Effekt nur unzureichend erklärt. Eine weitere Einflussmöglichkeit lässt sich aus der Formel 2.31 ableiten. Bis jetzt wurde angenommen, dass der Quotient $\frac{\sigma(E)}{\sigma}dE$ gleich eins ist. Es gibt aber in der Realität durch die Dotierung viele Störstellen und darüber hinaus tragen wahrscheinlich nicht alle vorhandenen Zustände bei niedrigen Temperaturen zur Leitung bei. Dieser Quote liegt deswegen temperaturabhängig eher zwischen null und eins. Mit steigender Temperatur können mehr Zustände aus Störstellen angeregt werden und sich effektiv am Ladungstransport beteiligen. Der Quotient nähert sich damit eins. Auch in der Literatur wird häufig ein kleiner Anstieg des Seebeck-Koeffizienten mit der Temperatur beschrieben [105, 117]. Der Seebeck-Koeffizient lässt sich außerdem mit unterschiedlicher Temperaturdifferenz bei konstantem Temperaturdurchschnitt messen. Der Seebeck-Koeffizient verändert sich theoretisch mit variierender Temperaturdifferenz nicht, da nach den Gleichungen 2.25 und 2.32 die Seebeck-Spannung zur Temperaturdifferenz proportional ist. Bei den Messungen in Abbildung 6.6 ist dies aber nicht der Fall. Der Seebeck-Koeffizient von PCBM:RhB 20 mol.% reduziert sich fast auf die Hälfte beim Anstieg der Temperaturdifferenz von $\Delta T= 20°$ C auf $\Delta T= 50°$ C.

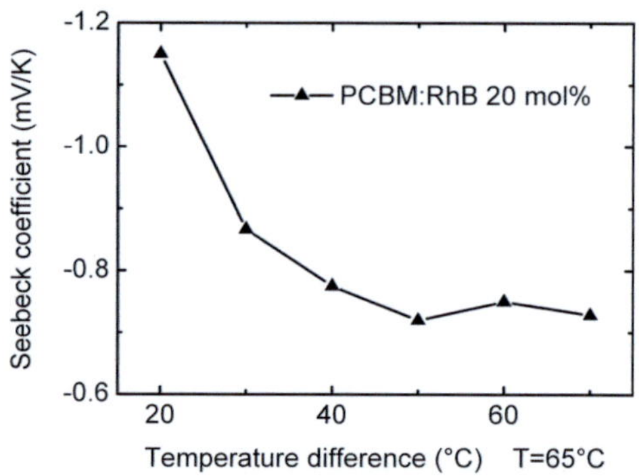

Bild 6.6.: Verlauf des Seebeck-Koeffizienten über der Temperaturdifferenz. Der Seebeck-Koeffizient sollte laut Theorie für unterschiedliche Temperaturdifferenzen konstant bleiben.

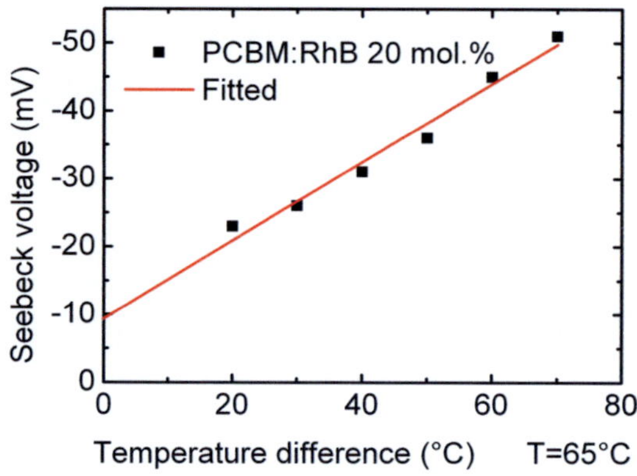

Bild 6.7.: Bestimmung des Spannungsoffsets der Seebeck-Spannung. Anhand einer Regressionsgeraden lässt sich der Offset bestimmen.

Betrachtet man statt des Seebeck-Koeffizienten die Seebeck-Spannung über der Temperaturdifferenz, wie in in Abbildung 6.7 gezeigt, lässt sich ein Offset der Seebeck-Spannung erkennen. Über die zugehörige Regressionsgerade der Messwerte wird der Schnittpunkt mit der Ordinate und damit der Spannungsoffset zu -9 mV bestimmt. Der Seebeck-Koeffizient wird nach Abzug dieses Offset noch einmal berechnet.

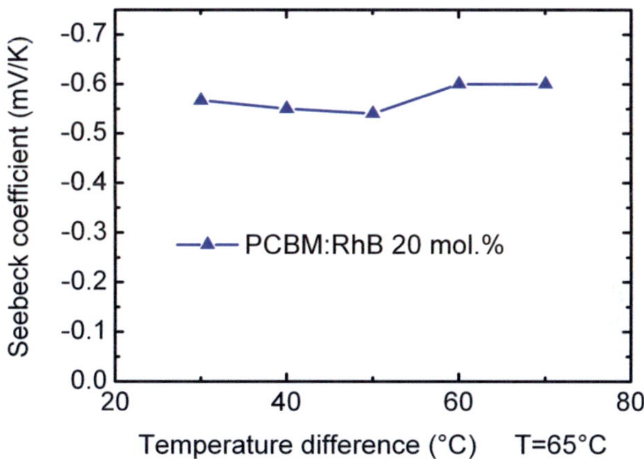

Bild 6.8.: Spannungsoffset befreiter Verlauf des Seebeck-Koeffizienten für unterschiedliche Temperaturdifferenzen. Der Seebeck-Koeffizient schwankt nicht mehr stark mit der Temperaturdifferenz.

Der Seebeck-Koeffizient bleibt nun fast konstant für verschiedene Temperaturdifferenzen, Abbildung 6.8. Die n-Dotierung einer flüssig prozessierten PCBM:RhB-Schicht konnte somit zum ersten Mal erfolgreich nachgewiesen werden. Um die Effizienz der Dotierung mit aufgedampften Verfahren zu vergleichen, wurde eine aufgedampfte Schicht von C_{60}:RhB hergestellt. Die Dotierung von C_{60} mit RhB wurde bereits oft in der Literatur gezeigt [43, 54]. Auch kann der Dotierungs-Prozess durch Co-Verdampfen unter Hochvakuum sehr gut kontrolliert werden. Es wird das optimierte Dotierungsverhältnis für den Vakuum-Prozess von 6 mol.% verwendet.

Die Dotierung von C_{60} mit RhB hat in Bauelementen gut funktioniert. Die hohe Leerlaufspannung von Solarzellen mit C_{60}:RhB-Pufferschicht kann als Hinweis auf eine gute n-Dotierung der Schicht

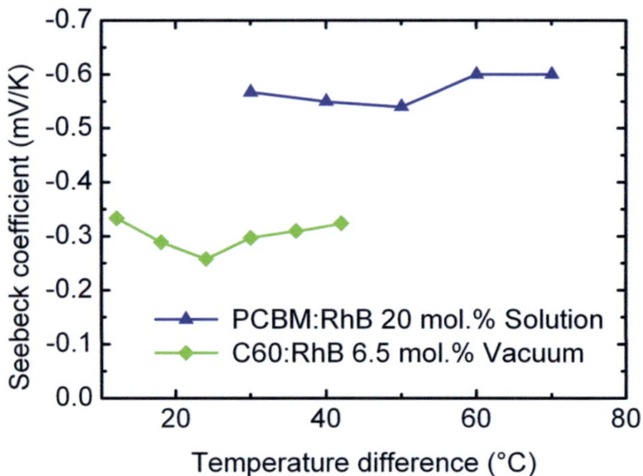

Bild 6.9.: Vergleich der n-Dotierung in Abhängigkeit vom Herstellungsprozess. Die Dotierung mit der Vakuumtechnik funktioniert anscheinend besser als aus der Flüssigphase, da die Seebeck-Koffizienten für die Vakuumtechnik entsprechend niedriger sind.

gedeutet werden. Der Seebeck-Koeffizient von PCBM:RhB liegt höher als derjenige von C_{60}:RhB (siehe Abbildung 6.9). Das heißt, dass das Fermi-Niveau von C_{60}:RhB wahrscheinlich näher am Transport-Niveau liegt. Die Seebeck-Koeffizienten werden deswegen kleiner als die von PCBM:RhB.

Unter der Annahme, dass die thermische Leitfähigkeit von PEDOT:PSS und PCBM:RhB nicht stark variiert, kann der thermoelektrische Gütefaktor von PCBM:RhB berechnet werden. Im Vergleich zu PEDOT:PSS ist der Seebeck-Koeffizient von PCBM:RhB vierzigfach höher, die elektrische Leitfähigkeit aber um sechs Größenordnungen niedriger. Der Gütefaktor von PCBM:RhB ist deswegen um ungefähr drei Größenordnungen niedriger als der von PEDOT:PSS. Betrachtet man erneut die Gleichung 2.39, hängt der Gütefaktor des OTEGs sowohl vom Seebeck-Koeffizienten des n- als auch des p-leitenden organischen Materials ab. Er ist am größten, wenn die

Seebeck-Koeffizienten beider Materialien gleich groß sind. Aus diesem Grund müssen weitere n-dotierte organische Materialien untersucht werden, damit die organischen TEGs höhere Wirkungsgrade liefern und gegenüber anorganischen TEGs kommerziell interessant werden.

Literaturverzeichnis

[1] C. Adachi, M. A. Baldo, S. R. Forrest, and M. E. Thompson. High-efficiency organic electrophosphorescent devices with tris(2-phenylpyridine)iridium doped into electron-transporting materials. *Appl. Phys. Lett.*, 77(6):904–906, 2000.

[2] C. Adachi, M. A. Baldo, M. E. Thompson, and S. R. Forrest. Nearly 100 procent internal phosphorescence efficiency in an organic light-emitting device. *J. Appl. Phys.*, 90(10):5048–5051, 2001.

[3] P. Atkins. *Physical Chemistry*, volume ISBN-10: 0199543372. Oxford University Press, 2009.

[4] H.-I. Baek and C. Lee. Electroluminescence characteristics of n-type matrix materials doped with iridium-based green and red phosphorescent emitters. *Journal of Applied Physics*, 103(5):054510, 2008.

[5] M. Bajpai, K. Kumari, R. Srivastava, M. Kamalasanan, R. Tiwari, and S. Chand. Electric field and temperature dependence of hole mobility in electroluminescent pdy 132 polymer thin films. *Solid State Communications*, 150:581–584, 2010.

[6] M. A. Baldo and S. R. Forrest. Transient analysis of organic electrophosphorescence: I. transient analysis of triplet energy transfer. *Phys. Rev. B*, 62(16):10958–, 2000.

[7] M. A. Baldo, S. Lamansky, P. E. Burrows, M. E. Thompson, and S. R. Forrest. Very high-efficiency green organic light-emitting devices based on electrophosphorescence. *Appl. Phys. Lett.*, 75(1):4–6, 1999.

[8] M. A. Baldo, D. F. O'Brien, Y. You, A. Shoustikov, S. Sibley, M. E. Thompson, and S. R. Forrest. Highly efficient phosphorescent emission from organic electroluminescent devices. *Nature*, 395(6698):151–154, 1998.

[9] S. Banerjee, A. P. Parhi, S. S. K. Iyer, and S. Kumar. Method of determining the exciton diffusion length using optical interference effect in schottky diode. *Applied Physics Letters*, 94(22):223303, 2009.

[10] R. Bauer, W. J. Finkenzeller, U. Bogner, M. E. Thompson, and H. Yersin. Matrix influence on the oled emitter ir(btp)2(acac) in polymeric host materials - studies by persistent spectral hole burning. *Organic Electronics*, 9(5):641–648, 2008.

[11] J. Blochwitz, T. Fritz, M. Pfeiffer, K. Leo, D. M. Alloway, P. A. Lee, and N. R. Armstrong. Interface electronic structure of organic semiconductors with controlled doping levels. *Organic Electronics*, 2(2):97–104, 2001.

[12] C. Brabec, A. Cravino, D. Meissner, N. Sariciftci, M. Rispens, L. Sanchez, J. Hummelen, and T. Fromherz. The influence of materials work function on the open circuit voltage of plastic solar cells. *Thin Solid Films*, 403-404(0):368–372, 2002.

[13] C. J. Brabec, A. Cravino, D. Meissner, N. S. Sariciftci, T. Fromherz, M. T. Rispens, L. Sanchez, and J. C. Hummelen. Origin of the open circuit voltage of plastic solar cells. *Adv. Funct. Mater.*, 11(5):374–380, 2001.

[14] S. Braun, W. R. Salaneck, and M. Fahlman. Energy-level alignment at organic/metal and organic/organic interfaces. *Advanced Materials*, 21(14-15):1450–1472, 2009.

[15] D. G. Cahill. Analysis of heat flow in layered structures for time-domain thermoreflectance. *Rev. Sci. Instrum.*, 75(12):5119–5122, 2004.

[16] M. Cai, T. Xiao, Y. Chen, E. Hellerich, R. Liu, R. Shinar, and J. Shinar. Effect of molecular weight on the efficiency of poly(n-vinylcarbazole)-based polymer light-emitting diodes. *Applied Physics Letters*, 99(20):203302, 2011.

[17] Y. Cai, H. X. Wei, J. Li, Q. Y. Bao, X. Zhao, S. T. Lee, Y. Q. Li, and J. X. Tang. Mechanism of cs2co3 as an n-type dopant in organic electron-transport film. *Appl. Phys. Lett.*, 98(11):113304–3, 2011.

[18] H. E. C. C. Catherine E. *Chemistry*. Prentice Hall, 4th edition, 2010.

[19] E. C. C. Catherine E. Housecroft. *Chemistry*. Prentice Hall, 2006.

[20] C. Chan, E.-G. Kim, J.-L. Bredas, and A. Kahn. Molecular n-type doping of 1,4,5,8-naphthalene tetracarboxylic dianhydride by pyronin b studied using direct and inverse photoelectron spectroscopies. *Adv. Funct. Mater.*, 16(6):831–837, 2006.

[21] M. Y. Chan, C. S. Lee, S. L. Lai, M. K. Fung, F. L. Wong, H. Y. Sun, K. M. Lau, and S. T. Lee. Efficient organic photovoltaic devices using a combination of exciton blocking layer and anodic buffer layer. *J. Appl. Phys.*, 100(9):094506–4, 2006.

[22] C.-H. Chang, Y.-S. Ding, P.-W. Hsieh, C.-P. Chang, W.-C. Lin, and H.-H. Chang. Highly efficient phosphorescent blue and white organic light-emitting devices with simplified architectures. *Thin Solid Films*, In Press, Accepted Manuscript:–, 2011.

[23] J. S. Chappell, A. N. Bloch, W. A. Bryden, M. Maxfield, T. O. Poehler, and D. O. Cowan. Degree of charge transfer in organic conductors by infrared absorption spectroscopy. *J. Am. Chem. Soc.*, 103(9):2442–2443, 1981.

[24] F.-C. Chen, G. He, and Y. Yang. Triplet exciton confinement in phosphorescent polymer light-emitting diodes. *Applied Physics Letters*, 82(7):1006–1008, 2003.

[25] N. Chopra, J. S. Swensen, E. Polikarpov, L. Cosimbescu, F. So, and A. B. Padmaperuma. High efficiency and low roll-off blue phosphorescent organic light-emitting devices using mixed host architecture. *Applied Physics Letters*, 97(3):033304, 2010.

[26] S. A. Choulis, V.-E. Choong, M. K. Mathai, and F. So. The effect of interfacial layer on the performance of organic light-emitting diodes. *Applied Physics Letters*, 87(11):113503, 2005.

[27] Cintelliq. Oled lighting: Products, pricing, capacity, costs and forecasts. Technical report, 2011.

[28] J. Colegrove. Oled display and oled lighting technology and market forecast. Technical report, DisplaySearch, 2010.

[29] A. Colsmann. *Ladungstransportschichten fuer effiziente organische Halbleiterbauelemente*. PhD thesis, Universitaet Karlsruhe, 2008.

[30] A. Colsmann, F. Stenzel, G. Balthasar, H. Do, and U. Lemmer. Plasma patterning of poly(3,4-ethylenedioxythiophene):poly(styrenesulfonate) anodes for

efficient polymer solar cells. *Thin Solid Films*, 517(5):1750–1752, 2009.

[31] X. Crispin, F. L. E. Jakobsson, A. Crispin, P. C. M. Grim, P. Andersson, A. Volodin, C. van Haesendonck, M. Van der Auweraer, W. R. Salaneck, and M. Berggren. The origin of the high conductivity of poly(3,4-ethylenedioxythiophene) poly(styrenesulfonate) (pedot:pss) plastic electrodes. *Chem. Mater.*, 18(18):4354–4360, 2006.

[32] R. Das. Printed & organic electronics forecasts, players & opportunitites 2008-2028. Technical report, www.IDTechEx.com/pe, 2008.

[33] R. Das and D. P. Harrop. Printed, organic & flexible electronics forecasts, players & opportunities 2011-2021. Technical report, IDtechex, 2011.

[34] B. M. Datt, A. Baba, T. Sakurai, and K. Akimoto. Electronic states at 4,4-n,n-dicarbazol-biphenyl (cbp) metal (mg, ag, and au) interfaces: A joint experimental and theoretical study. *Current Applied Physics*, 11(3):346–352, 2011.

[35] M. P. de Jong, L. J. van IJzendoorn, and M. J. A. de Voigt. Stability of the interface between indium-tin-oxide and poly(3,4-ethylenedioxythiophene)/poly(styrenesulfonate) in polymer light-emitting diodes. *Applied Physics Letters*, 77(14):2255–2257, 2000.

[36] U. department of energy. Solid-state lighting research and development: Manufacturing roadmap. Technical report, 2011.

[37] D. L. Dexter. A theory of sensitized luminescence in solids. *J. Chem. Phys.*, 21(5):836–850, 1953.

[38] W.-D. S. Dieter Woehrle, Michael W. Tausch. *Photochemie: Konzepte, Methoden, Experimente*, volume ISBN: 9783527295456. Wiley, 2005.

[39] O. Dimitriev, D. Grinko, Y. Noskov, N. Ogurtsov, and A. Pud. Pedot:pss films effect of organic solvent additives and annealing on the film conductivity. *Synthetic Metals*, 159:2237–2239, 2009.

[40] H. Do, M. Reinhard, H. Vogeler, A. Puetz, M. F. Klein, W. Schabel, A. Colsmann, and U. Lemmer. Polymeric anodes from poly(3,4-ethylenedioxythiophene):poly(styrenesulfonate) for 3.5 procent efficient organic solar cells. *Thin Solid Films*, 517(20):5900–5902, 2009.

[41] T. H. Do. *Herstellung von grossflaechigen Solarzellen*. Karlsruhe Institute of Technology (KIT), 2007.

[42] U. DOE. Solid-state lighting research and development: Multiyear program plan. Technical report, Navigant Consulting, Inc., 2010.

[43] J. Drechsel, B. Maennig, F. Kozlowski, D. Gebeyehu, A. Werner, M. Koch, K. Leo, and M. Pfeiffer. High efficiency organic solar cells based on single or multiple pin structures. *Thin Solid Films*, 451-452(0):515–517, 2004.

[44] A. Elschner. *PEDOT: Principles and applications of an intrinsically conductive*. Crc Pr Inc, 2010.

[45] W. J. Finkenzeller, T. Hofbeck, M. E. Thompson, and H. Yersin. Triplet state properties of the oled emitter ir(btp)2(acac) characterization by site-selective spectroscopy and application of high magnetic fields. *Inorganic Chemistry*, 46(12):5076–5083, 2007.

[46] T. Foerster. Zwischenmolekulare energiewanderung und fluoreszenz. *Ann. Phys.*, 437(1-2):55–75, 1948.

[47] R. H. Friend, R. W. Gymer, A. B. Holmes, J. H. Burroughes, R. N. Marks, C. Taliani, D. D. C. Bradley, D. A. D. Santos, J. L. Bredas, M. Logdlund, and W. R. Salaneck. Electroluminescence in conjugated polymers. *Nature*, 397(6715):121–128, 1999.

[48] H. Frohne, S. E. Shaheen, C. J. Brabec, D. C. Mueller, N. S. Sariciftci, and K. Meerholz. Influence of the anodic work function on the performance of organic solar cells. *ChemPhysChem*, 3(9):795–799, 2002.

[49] D. I. fuer Normung e.V. Din 5031-3 strahlungsphysik im optischen bereich und lichttechnik.

[50] H. Fukagawa, S. Irisa, H. Hanashima, T. Shimizu, S. Tokito, N. Yokoyama, and H. Fujikake. Simply structured, deep-blue phosphorescent organic light-emitting diode with bipolar host material. *Organic Electronics*, 12(10):1638–1643, 2011.

[51] C. Gaertner. *Organic laser diodes modelling and simulation.* PhD thesis, Karlsruhe Institute of Technology, 2008.

[52] A. Gall. *Spannungskontrastmikroskopie an optoelektronischen Bauteilen.* Karlsruhe Institute of Technology (KIT), 2009.

[53] Z. Q. Gao, M. Luo, X. H. Sun, H. L. Tam, M. S. Wong, B. X. Mi, P. F. Xia, K. W. Cheah, and C. H. Chen. New host containing bipolar carrier transport moiety for high-efficiency electrophosphorescence at low voltages. *Adv. Mater.*, 21(6):688–692, 2009.

[54] D. Gebeyehu, M. Pfeiffer, B. Maennig, J. Drechsel, A. Werner, and K. Leo. Highly efficient p-i-n type organic photovoltaic devices. *Thin Solid Films*, 451-452(0):29–32, 2004.

[55] H. J. Goldsmid. *Introduction to thermoelectricity.* Springer Berlin Heidelberg, 2009.

[56] X. Gong, M. Robinson, J. Ostrowski, D. Moses, G. Bazan, and A. Heeger. High-efficiency polymer-based electrophosphorescent devices. *Adv. Mater.*, 14(8):581–585, 2002.

[57] K. Goushi, R. Kwong, J. J. Brown, H. Sasabe, and C. Adachi. Triplet exciton confinement and unconfinement by adjacent hole-transport layers. *Journal of Applied Physics*, 95(12):7798–7802, 2004.

[58] C. Guan-Ting, S. Shui-Hsiang, and Y. Meiso. Improving electrical and optical characteristics of white organic light-emitting diodes by using double buffer layers. *Journal of the Electrochemical Society*, 153(4):–, 2006.

[59] S. Hamwi, T. Riedl, and W. Kowalsky. An organic p-i-n homojunction as ultra violet light emitting diode and visible-blind photodiode in one, 2011. journal article.

[60] T.-H. Han, Y. Lee, M.-R. Choi, S.-H. Woo, S.-H. Bae, B. H. Hong, J.-H. Ahn, and T.-W. Lee. Extremely efficient flexible organic light-emitting diodes with modified graphene anode. *Nat Photon*, 6(2):105–110, 2012.

[61] G. He, M. Pfeiffer, K. Leo, M. Hofmann, J. Birnstock, R. Pudzich, and J. Salbeck. High-efficiency and low-voltage p-i-n electrophosphorescent organic light-emitting diodes with double-emission layers. *Applied Physics Letters*, 85(17):3911–3913, 2004.

[62] M. G. Helander, Z. B. Wang, J. Qiu, M. T. Greiner, D. P. Puzzo, Z. W. Liu, and Z. H. Lu. Chlorinated indium tin oxide electro-

des with high work function for organic device compatibility. *Science*, 332(6032):944–947, 2011.

[63] Heraeus. http://clevios.com. Technical report, 2012.

[64] D. Hertel, S. Setayesh, H. G. Nothofer, U. Scherf, K. Muellen, and H. Baessler. Phosphorescence in conjugated poly(paraphenylene)-derivatives. *Adv. Mater.*, 13(1):65–70, 2001.

[65] R. J. Holmes, B. W. D. Andrade, S. R. Forrest, X. Ren, J. Li, and M. E. Thompson. Efficient, deep-blue organic electrophosphorescence by guest charge trapping. *Applied Physics Letters*, 83(18):3818–3820, 2003.

[66] M.-T. Hsieh, M.-H. Ho, K.-H. Lin, J.-F. Chen, T.-M. Chen, and C. H. Chen. Study of electric characteristics and diffusion effects of 2-methyl-9,10-di(2-naphthyl)anthracene doped with cesium fluoride by admittance spectroscopy. *Appl. Phys. Lett.*, 96(13):133310–3, 2010.

[67] http://www.heliatek.com.

[68] http://www.konarka.com.

[69] http://www.solarmer.com.

[70] F. Huang, P.-I. Shih, M. S. Liu, C.-F. Shu, and A. K.-Y. Jen. Lithium salt doped conjugated polymers as electron transporting materials for highly efficient blue polymer light-emitting diodes. *Appl. Phys. Lett.*, 93(24):243302–3, 2008.

[71] Y.-s. Huang, S. Westenhoff, I. Avilov, P. Sreearunothai, J. M. Hodgkiss, C. Deleener, R. H. Friend, and D. Beljonne. Electronic structures of interfacial states formed at polymeric semiconductor heterojunctions. *Nat Mater*, 7(6):483–489, 2008.

[72] J. Hwang and A. Kahn. Electrical doping of poly(9,9-dioctylfluorenyl-2,7-diyl) with tetrafluorotetracyanoquinodimethane by solution method. *J. Appl. Phys.*, 97(10):103705–5, 2005.

[73] J. Hwang, A. Wan, and A. Kahn. Energetics of metal-organic interfaces: New experiments and assessment of the field. *Materials Science and Engineering: R: Reports*, 64(1-2):1–31, 2009.

[74] M. Ikai, S. Tokito, Y. Sakamoto, T. Suzuki, and Y. Taga. Highly efficient phosphorescence from organic light-emitting devices with an exciton-block layer. *Applied Physics Letters*, 79(2):156–158, 2001.

[75] H. Ishii, H. Oji, E. Ito, N. Hayashi, D. Yoshimura, and K. Seki. Energy level alignment and band bending at model interfaces of organic electroluminescent devices. *Journal of Luminescence*, 87-89:61 – 65, 2000.

[76] H. Ishii, K. Sugiyama, E. Ito, and K. Seki. Energy level alignment and interfacial electronic structures at organic/metal and organic/organic interfaces. *Adv. Mater.*, 11(8):605–625, 1999.

[77] E. Ito, H. Oji, H. Ishii, K. Oichi, Y. Ouchi, and K. Seki. Interfacial electronic structure of long-chain alkane/metal systems studied by uv-photoelectron and metastable atom electron spectroscopies. *Chemical Physics Letters*, 287:137–142, 1998.

[78] W. S. Jeon, O. Hyoung-Yun, J. S. Park, and J. H. Kwon. High mobility electron transport material with pyrene moiety for organic light-emitting diodes (oleds). *Molecular Crystals and Liquid Crystals*, 550(1):311–319, 2011.

[79] C. K. Jeong, J. H. Jung, B. H. Kim, S. Y. Lee, D. E. Lee, S. H. Jang, K. S. Ryu, and J. Joo. Electrical, magnetic, and structural properties of lithium salt doped polyaniline. *Synthetic Metals*, 117(1-3):99–103, 2001.

[80] S. J. Jo, C. S. Kim, J. B. Kim, S. Y. Ryu, J. H. Noh, H. K. Baik, Y. S. Kim, and S.-J. Lee. Increase in indium diffusion by tetrafluoromethane plasma treatment and its effects on the device performance of polymer light-emitting diodes. *Journal of Applied Physics*, 103(11):114502, 2008.

[81] D. Kabra, L. P. Lu, M. H. Song, H. J. Snaith, and R. H. Friend. Efficient single-layer polymer light-emitting diodes. *Advanced Materials*, 22(29):3194–3198, 2010.

[82] J.-W. Kang, S.-H. Lee, H.-D. Park, W.-I. Jeong, K.-M. Yoo, Y.-S. Park, and J.-J. Kim. Low roll-off of efficiency at high current density in phosphorescent organic light emitting diodes, 2007.

[83] P. W. Karl Leo, M. Hofmann, O. Zeika, A. Werner, J. Birnstock, R. Meerheim, G. He, K. Walzer, and M. Pfeiffer. High-efficiency p-i-n organic light-emitting diodes with long lifetime. *Journal of the Society for Information Display*, 13(5):393–397, 2005.

[84] L. Kazmerski. Technical report, National Renewable Energy Laboratory (NREL), USA, 2011.

[85] R. U. A. Khan, D. Poplavskyy, T. Kreouzis, and D. D. C. Bradley. Hole mobility within arylamine-containing polyfluorene copolymers: A time-of-flight transient-photocurrent study. *Phys. Rev. B*, 75(3):035215–, 2007.

[86] J. Kim, M. Kim, J. W. Kim, Y. Yi, and H. Kang. Organic light emitting diodes using nacl:n,n-bis(naphthalene-1-yl)- n,n-

bis(phenyl)benzidine composite as a hole injection buffer layer. *J. Appl. Phys.*, 108(10):103703–5, 2010.

[87] K. H. Kim, J. Y. Lee, T. J. Park, W. S. Jeon, G. Kennedy, and J. H. Kwon. Small molecule host system for solution-processed red phosphorescent oleds. *Synthetic Metals*, 160(7-8):631–635, 2010.

[88] S. H. Kim, J. Jang, and J. Y. Lee. Relationship between host energy levels and device performances of phosphorescent organic light-emitting diodes with triplet mixed host emitting structure. *Applied Physics Letters*, 91(8):083511, 2007.

[89] Y.-E. Kim, H. Park, and J.-J. Kim. Enhanced quantum efficiency in polymer electroluminescence devices by inserting a tunneling barrier formed by langmuir-blodgett films. *Applied Physics Letters*, 69(5):599–601, 1996.

[90] Y. H. Kim, C. Sachse, M. L. Machala, C. May, L. Mueller-Meskamp, and K. Leo. Highly conductive pedot:pss electrode with optimized solvent and thermal post-treatment for ito-free organic solar cells. *Adv. Funct. Mater.*, 21(6):1076–1081, 2011.

[91] P. K. Koech, A. B. Padmaperuma, L. Wang, J. S. Swensen, E. Polikarpov, J. T. Darsell, J. E. Rainbolt, and D. J. Gaspar. Synthesis and application of 1,3,4,5,7,8-hexafluorotetracyanonaphthoquinodimethane (f6-tnap): A conductivity dopant for organic light-emitting devices. *Chem. Mater.*, 22(13):3926–3932, 2010.

[92] A. Koehler and H. Baessler. Triplet states in organic semiconductors. *Materials Science and Engineering Reports*, 66(4-6):71 – 109, 2009.

[93] A. Kohnen, M. Irion, M. C. Gather, N. Rehmann, P. Zacharias, and K. Meerholz. Highly color-stable solution-processed multilayer woleds for lighting application. *Journal of Materials Chemistry*, 20(16):3301–3306, 2010.

[94] F. B. Kooistra, J. Knol, F. Kastenberg, L. M. Popescu, W. J. H. Verhees, J. M. Kroon, and J. C. Hummelen. Increasing the open circuit voltage of bulk-heterojunction solar cells by raising the lumo level of the acceptor. *Org. Lett.*, 9(4):551–554, 2007.

[95] V. G. Kozlov, V. Bulovic, P. E. Burrows, M. Baldo, V. B. Khalfin, G. Parthasarathy, S. R. Forrest, Y. You, and M. E. Thompson. Study of lasing action based on foerster energy transfer in optically pumped organic semiconductor thin films. *J. Appl. Phys.*, 84(8):4096–4108, 1998.

[96] T. Kugler, Johansson, I. Dalsegg, U. Gelius, and W. Salaneck. Electronic and chemical structure of conjugated polymer surfaces and interfaces: applications in polymer-based light-emitting devices. *Synthetic Metals*, 91:143–146, 1997.

[97] Y. Y. Laboratory. Ucla engineers create tandem polymer solar cells that set record for energy-conversion. Technical report, University of California, Los Angeles, 2012.

[98] J. Lang. *Dotierung organischer Halbleiter, Studienarbeit*. Karlsruhe Institute of Technology, 2009.

[99] C.-L. Lee, K. B. Lee, and J.-J. Kim. Polymer phosphorescent light-emitting devices doped with tris(2-phenylpyridine) iridium as a triplet emitter. *Appl. Phys. Lett.*, 77(15):2280–2282, 2000.

[100] J. Lee, N. Chopra, S.-H. Eom, Y. Zheng, J. Xue, F. So, and J. Shi. Effects of triplet energies and transporting properties of

carrier transporting materials on blue phosphorescent organic light emitting devices. *Applied Physics Letters*, 93(12):123306, 2008.

[101] J.-H. Lee, P.-S. Wang, H.-D. Park, C.-I. Wu, and J.-J. Kim. A high performance inverted organic light emitting diode using an electron transporting material with low energy barrier for electron injection. *Organic Electronics*, In Press, Uncorrected Proof:–, 2011.

[102] D.-S. Leem, J.-H. Lee, J.-J. Kim, and J.-W. Kang. Highly efficient tandem p-i-n organic light-emitting diodes adopting a low temperature evaporated rhenium oxide interconnecting layer. *Applied Physics Letters*, 93(10):103304, 2008.

[103] D.-S. Leem, H.-D. Park, J.-W. Kang, J.-H. Lee, J. W. Kim, and J.-J. Kim. Low driving voltage and high stability organic light-emitting diodes with rhenium oxide-doped hole transporting layer. *Appl. Phys. Lett.*, 91(1):011113–3, 2007.

[104] U. lemmer. Lecture plastic electronics. Technical report, Light Technology Institute, 2007.

[105] F. Li, M. Pfeiffer, A. Werner, K. Harada, K. Leo, N. Hayashi, K. Seki, X. Liu, and X.-D. Dang. Acridine orange base as a dopant for n doping of c60 thin films. *J. Appl. Phys.*, 100(2):023716–9, 2006.

[106] F. Li, H. Tang, J. Anderegg, and J. Shinar. Fabrication and electroluminescence of double-layered organic light-emitting diodes with the al2o3 al cathode. *Applied Physics Letters*, 70(10):1233–1235, 1997.

[107] F. Li, A. Werner, M. Pfeiffer, K. Leo, and X. Liu. Leuco crystal violet as a dopant for n-doping of organic thin films of fullerene c60. *J. Phys. Chem. B*, 108(44):17076–17082, 2004.

[108] C. Liu, B. Lu, J. Yan, J. Xu, R. Yue, Z. Zhu, S. Zhou, X. Hu, Z. Zhang, and P. Chen. Highly conducting free-standing poly(3,4-ethylenedioxythiophene)/poly(styrenesulfonate) films with improved thermoelectric performances. *Synthetic Metals*, 160(23-24):2481–2485, 2010.

[109] J. Liu, Y. Shi, and Y. Yang. Solvation-induced morphology effects on the performance of polymer-based photovoltaic devices. *Adv. Funct. Mater.*, 11(6):420–424, 2001.

[110] S. Liu, B. Li, L. Zhang, and S. Yue. Low-voltage, high-efficiency nondoped phosphorescent organic light-emitting devices with double-quantum-well structure. *Appl. Phys. Lett.*, 98(16):163301–3, 2011.

[111] X. Liu. *Solution processing and characterization of organic DFB lasers*. Karlsruhe Institute of Technology (KIT), 2011.

[112] Z. Liu, M. G. Helander, Z. Wang, and Z. Lu. Efficient single layer rgb phosphorescent organic light-emitting diodes. *Organic Electronics*, 10(6):1146–1151, 2009.

[113] Z. W. Liu, M. G. Helander, Z. B. Wang, and Z. H. Lu. Efficient bilayer phosphorescent organic light-emitting diodes: Direct hole injection into triplet dopants. *Applied Physics Letters*, 94(11):113305, 2009.

[114] S.-C. Lo and P. L. Burn. Development of dendrimers macromolecules for use in organic light-emitting diodes and solar cells. *Chemical Reviews*, 107(4):1097–1116, 2007. PMID: 17385927.

[115] S.-C. Lo, R. E. Harding, C. P. Shipley, S. G. Stevenson, P. L. Burn, and I. D. W. Samuel. High-triplet-energy dendrons: Enhancing the luminescence of deep blue phosphorescent iridium(iii) complexes. *Journal of the American Chemical Society*, 131(46):16681–16688, 2009.

[116] D. MacDonald. *Thermoelectricity: an introduction to the principles*. Wiley, New York., 1962.

[117] B. Maennig, M. Pfeiffer, A. Nollau, X. Zhou, K. Leo, and P. Simon. Controlled p-type doping of polycrystalline and amorphous organic layers: Self-consistent description of conductivity and field-effect mobility by a microscopic percolation model. *Phys. Rev. B*, 64(19):195208–, 2001.

[118] H. Matsushima, S. Naka, H. Okada, and H. Onnagawa. Organic electrophosphorescent devices with mixed hole transport material as emission layer. *Current Applied Physics*, 5(4):305–308, 2005.

[119] N. Matsusue, S. Ikame, Y. Suzuki, and H. Naito. Charge carrier transport in an emissive layer of green electrophosphorescent devices. *Appl. Phys. Lett.*, 85(18):4046–4048, 2004.

[120] J. Meyer, M. Kroger, S. Hamwi, F. Gnam, T. Riedl, W. Kowalsky, and A. Kahn. Charge generation layers comprising transition metal-oxide/organic interfaces: Electronic structure and charge generation mechanism. *Appl. Phys. Lett.*, 96(19):193302–3, 2010.

[121] D. K. Mohamad, S. S. Chauhan, H. Yi, A. J. Cadby, D. G. Lidzey, and A. Iraqi. A regioregular head to tail thiophene based double-cable polymer with pendant anthraquinone functional

groups: Preparation, spectroscopy and photovoltaic properties. *Solar Energy Materials and Solar Cells*, 95(7):1723–1730, 2011.

[122] S.-I. Na, S.-S. Kim, J. Jo, and D.-Y. Kim. Efficient and flexible ito-free organic solar cells using highly conductive polymer anodes. *Adv. Mater.*, 20(21):4061–4067, 2008.

[123] S.-I. Na, G. Wang, S.-S. Kim, T.-W. Kim, S.-H. Oh, B.-K. Yu, T. Lee, and D.-Y. Kim. Evolution of nanomorphology and anisotropic conductivity in solvent-modified pedot:pss films for polymeric anodes of polymer solar cells. *J. Mater. Chem.*, 19(47):9045–9053, 2009.

[124] H. Naarmann. Synthesis of new conductive polymers. *Synthetic Metals*, 17:223–228, 1987.

[125] Nanomarkets. Indium tin oxide and alternative transparent conductor markets. Technical report, 2009.

[126] Nanomarkets. Organic photovoltaics matrial markets: 2009-2016. Technical report, 2009.

[127] Nanomarkets. Growth markets for conductive polymers in electronics and optoelectronics markets. Technical report, 2011.

[128] C. Neumann. Script zur vorlesung lichttechnik. Technical report, Lichttechnisches Institut, Karlsruhe Institut fuer Technologie, 2011.

[129] F. Nickel, A. Puetz, M. Reinhard, H. Do, C. Kayser, A. Colsmann, and U. Lemmer. Cathodes comprising highly conductive poly(3,4-ethylenedioxythiophene):poly(styrenesulfonate) for semi-transparent polymer solar cells. *Organic Electronics*, 11(4):535–538, 2010.

[130] J. H. Oh, P. Wei, and Z. Bao. Molecular n-type doping for air-stable electron transport in vacuum-processed n-channel organic transistors. *Applied Physics Letters*, 97(24):243305, 2010.

[131] J. Ouyang, C.-W. Chu, F.-C. Chen, Q. Xu, and Y. Yang. High-conductivity poly(3,4-ethylenedioxythiophene):poly(styrene sulfonate) film and its application in polymer optoelectronic devices. *Adv. Funct. Mater.*, 15(2):203–208, 2005.

[132] B. Park, H. G. Jeon, Y. H. Huh, Y. I. Lee, W. T. Han, I. T. Kim, and J. Park. Solution-processable double-layered ionic p-i-n organic light-emitting diodes. *Current Applied Physics*, In Press, Corrected Proof:–.

[133] Y. Park, V. Choong, Y. Gao, B. R. Hsieh, and C. W. Tang. Work function of indium tin oxide transparent conductor measured by photoelectron spectroscopy. *Applied Physics Letters*, 68(19):2699–2701, 1996.

[134] Y. W. Park, J. H. Choi, T. H. Park, E. H. Song, H. Kim, H. J. Lee, S. J. Shin, B.-K. Ju, and W. J. Song. Role of n-dopant based electron injection layer in n-doped organic light-emitting diodes and its simple alternative. *Appl. Phys. Lett.*, 100(1):013312–4, 2012.

[135] Y. W. Park, Y. M. Kim, J. H. Choi, T. H. Park, J.-W. Jeong, H. J. Choi, and B. K. Ju. Enhanced electroluminescence efficiency of phosphorescent organic light-emitting diodes by controlling the triplet energy of the hole-blocking layer. *Electron Device Letters, IEEE DOI - 10.1109/LED.2010.2041891*, 31(5):452–454, 2010.

[136] I. D. Parker. Carrier tunneling and device characteristics in polymer light-emitting diodes. *J. Appl. Phys.*, 75(3):1656–1666, 1994.

[137] M. Petrosino and A. Rubino. Effects of the pedot interface trap distribution in polymeric oleds. *Organic Electronics*, In Press, Uncorrected Proof:–, 2011.

[138] P. Peumans and S. Forrest. Very-high-efficiency double-heterostructure copper phthalocyanine c60 photovoltaik cells. 79(1):126, 2001.

[139] Productronica. The promise of organic electronics. Technical report, international trade fair for innovative electronics production, 2009.

[140] M. Ramuz, L. Buergi, C. Winnewisser, and P. Seitz. High sensitivity organic photodiodes with low dark currents and increased lifetimes. *Organic Electronics*, 9(3):369–376, 2008.

[141] B. Rand, J. Xue, F. Yang, and S. Forrest. Organic solar cells with sensitivity extending into the near infrared. *JAP*, 87:233508, 2005.

[142] S. Reineke, F. Lindner, G. Schwartz, N. Seidler, K. Walzer, B. Lussem, and K. Leo. White organic light-emitting diodes with fluorescent tube efficiency. *Nature*, 459(7244):234–238, 2009.

[143] M. Reinhard. *Alternative Elektroden fuer effiziente organische Solarzellen*. Karlsruhe Institute of Technology (KIT), 2009.

[144] F. Reis, D. Mencaraglia, S. Ooould Saad, I. Seguy, M. Oukachmih, P. Jolinat, and P. Destruel. Characterization of ito/cupc/ai and ito/znpc/al structures using optical and capacitance spectroscopy. *Synthetic Metals*, 138:33–37, 2003.

[145] B. Riedel. *Effizienzsteigerung in organischen Leuchtdioden.* PhD thesis, Karlsruhe Institute of Technology (KIT), 2011.

[146] S.-B. Rim, R. F. Fink, J. C. Schoneboom, P. Erk, and P. Peumans. Effect of molecular packing on the exciton diffusion length in organic solar cells. *Applied Physics Letters*, 91(17):173504, 2007.

[147] R. P. Rolf Pelster, Ingo Hattl. Thermospannungen - viel genutzt und fast immer falsch erklaert. *PhyDid A - Physik und Didaktik in Schule und Hochschule*, 2005.

[148] D. Rowe. *Thermoelectric handbook macro to nano (Boca Raton, FL: CRC).* CRC Press, 2006.

[149] N. Sariciftci, L. Smilowitz, A. Heeger, and F. Wudl. Photoinduced electron transfer from a conducting polymer to buckminsterfullerene. *Science*, 258:1474, 1992.

[150] M. Scharber, D. Muehlbacher, M. Koppe, P. Denk, C. Waldauf, A. Heeger, and C. Brabec. Design rules for donors in bulkheterojunction solar cells towards 10 % energy-conversion efficiency. *Adv. Mater.*, 18(6):789–794, 2006.

[151] B. Schmidt-Hansberg, H. Do, A. Colsmann, U. Lemmer, and W. Schabel. Drying of thin film polymer solar cells, 2009-01-01.

[152] M. Schober, S. Olthof, M. Furno, B. Lussem, and K. Leo. Single carrier devices with electrical doped layers for the characterization of charge-carrier transport in organic thin-films. *Applied Physics Letters*, 97(1):013303, 2010.

[153] P. Schrogel, A. Tomkeviciene, P. Strohriegl, S. T. Hoffmann, A. Kohler, and C. Lennartz. A series of cbp-derivatives as host materials for blue phosphorescent organic light-emitting diodes. *J. Mater. Chem.*, 21(7):2266–2273, 2011.

[154] S. R. Scully and M. D. McGehee. Effects of optical interference and energy transfer on exciton diffusion length measurements in organic semiconductors. *Journal of Applied Physics*, 100(3):034907, 2006.

[155] S. E. Shaheen, G. E. Jabbour, M. M. Morrell, Y. Kawabe, B. Kippelen, N. Peyghambarian, M.-F. Nabor, R. Schlaf, E. A. Mash, and N. R. Armstrong. Bright blue organic light-emitting diode with improved color purity using a lif/al cathode. *Journal of Applied Physics*, 84(4):2324–2327, 1998.

[156] Y. Shao, G. Bazan, and A. Heeger. Long-lifetime polymer light-emitting electrochemical cells. *Adv. Mater.*, 19(3):365–370, 2007.

[157] h. SIGMA-ALDRICH. Technical report.

[158] H. Spreitzer, H. Becker, E. Kluge, W. Kreuder, H. Schenk, R. Demandt, and H. Schoo. Soluble phenyl-substituted ppv new materials for highly efficient polymer leds. *Adv. Mater.*, 10(16):1340–1343, 1998.

[159] M. Sudhakar, P. I. Djurovich, T. E. Hogen-Esch, and M. E. Thompson. Phosphorescence quenching by conjugated polymers. *Journal of the American Chemical Society*, 125(26):7796–7797, 2003.

[160] R. Suhonen, R. Krause, F. Kozlowski, W. Sarfert, R. Paetzold, and A. Winnacker. Performance and stability of poly(phenylene vinylene) based polymer light emitting diodes with caesium carbonate cathode. *Organic Electronics*, 10(2):280–288, 2009.

[161] C.-T. Sun, I.-H. Chan, P.-C. Kao, and S.-Y. Chu. Electron injection and transport mechanisms of an electron transport layer in oleds. *J. Electrochem. Soc.*, 158(12):H1284–H1288, 2011.

[162] Y. Sun, N. C. Giebink, H. Kanno, B. Ma, M. E. Thompson, and S. R. Forrest. Management of singlet and triplet excitons for efficient white organic light-emitting devices. *Nature*, 440(7086):908–912, 2006.

[163] S. M. Sze. *Physics of semiconductor devices*. Wiley & Sons, 2007.

[164] D. Tanaka, H. Sasabe, Y.-J. Li, S.-J. Su, T. Takeda, and J. Kido. Ultra high efficiency green organic light-emitting devices. *Japanese Journal of Applied Physics*, 46(1):L10–L12, 2007.

[165] H. Tang, F. Li, and J. Shinar. Bright high efficiency blue organic light-emitting diodes with al2o3 al cathodes. *Applied Physics Letters*, 71(18):2560–2562, 1997.

[166] Y. Terao, H. Sasabe, and C. Adachi. Correlation of hole mobility, exciton diffusion length, and solar cell characteristics in phthalocyanine/fullerene organic solar cells. *Applied Physics Letters*, 90(10):103515, 2007.

[167] S. Tokito, T. Iijima, Y. Suzuri, H. Kita, T. Tsuzuki, and F. Sato. Confinement of triplet energy on phosphorescent molecules for highly-efficient organic blue-light-emitting devices. *Appl. Phys. Lett.*, 83(3):569–571, 2003.

[168] S. Tokito, T. Tsuzuki, F. Sato, and T. Iijima. High-efficiency blue and white phosphorescent organic light-emitting devices. *Current Applied Physics*, 5(4):331–336, 2005.

[169] Transparencymarketresearch. Global organic electronics market analysis and forecast 2011-2016. Technical report, 2012.

[170] Y.-C. Tsai and J.-H. Jou. Long-lifetime, high-efficiency white organic light-emitting diodes with mixed host composing double emission layers. *Appl. Phys. Lett.*, 89(24):243521–3, 2006.

[171] S. Tseng, Y. Chen, H. Meng, H. Lai, C. Yeh, S. Horng, H. Liao, and C. Hsu. Electron transport and electroluminescent efficiency of conjugated polymers. *Synthetic Metals*, 159:137–141, 2009.

[172] N. J. Turro. *Modern Molecular Photochemistry*. University Science Books, 1991.

[173] P. Tyagi, R. Srivastava, A. Kumar, G. Chauhan, A. Kumar, S. Bawa, and M. Kamalasanan. Low voltage organic light emitting diode using p-i-n structure. *Synthetic Metals*, 160(9-10):1126–1129, 2010.

[174] S. Uchida, J. Xue, B. Rand, and S. Forrest. Organic small molecule solar cells with a homogeneously mixed copper phthalocyanine bucky active layer. *Applied Physics Letters*, 84(21):4218, 2004.

[175] P. vollhardt and N. Schore. *Organic chemistry: Structure and function*. ISBN-13: 978-1-4292-0494-1. W. H. Freeman and Company, 2009.

[176] A. Wagner. *Photovoltaik Engineering - Die Methode der Effektiven Solarzellen-Kennlinie*. Springer, Berlin, Heidelberg, erste edition, 1999.

[177] A. Werner, F. Li, K. Harada, M. Pfeiffer, T. Fritz, K. Leo, and S. Machill. N-type doping of organic thin films using cationic dyes. *Adv. Funct. Mater.*, 14(3):255–260, 2004.

[178] A. G. Werner, F. Li, K. Harada, M. Pfeiffer, T. Fritz, and K. Leo. Pyronin b as a donor for n-type doping of organic thin films. *Applied Physics Letters*, 82(25):4495–4497, 2003.

[179] A. Wong, William S.; Salleo. *Flexible electronics*, volume Electronic Materials: Science & Technology, Vol. 11. Spinger, ISBN 978-1-4419-4494-8, 2009.

[180] C. C. Wu, C. I. Wu, J. C. Sturm, and A. Kahn. Surface modification of indium tin oxide by plasma treatment: An effective method to improve the efficiency, brightness, and reliability of organic light emitting devices. *Applied Physics Letters*, 70(11):1348–1350, 1997.

[181] H. Wu, J. Zou, F. Liu, L. Wang, A. Mikhailovsky, G. Bazan, W. Yang, and Y. Cao. Efficient single active layer electrophosphorescent white polymer light-emitting diodes. *Adv. Mater.*, 20(4):696–702, 2008.

[182] Y. Xia, K. Sun, and J. Ouyang. Solution-processed metallic conducting polymer films as transparent electrode of optoelectronic devices. *Adv. Mater.*, 24(18):2436–2440, 2012.

[183] L. Xiao, S.-J. Su, Y. Agata, H. Lan, and J. Kido. Nearly 100 procent internal quantum efficiency in an organic blue-light electrophosphorescent device using a weak electron transporting material with a wide energy gap. *Adv. Mater.*, 21(12):1271–1274, 2009.

[184] W. Xie, Y. Zhao, C. Li, and S. Liu. High efficiency electrophosphorescent red organic light-emitting devices with double-emission layers. *Solid-State Electronics*, 51(8):1129 – 1132, 2007.

[185] X. H. Yang and D. Neher. Polymer electrophosphorescence devices with high power conversion efficiencies. *Applied Physics Letters*, 84(14):2476–2478, 2004.

[186] T. Ye, M. Zhu, J. Chen, D. Ma, C. Yang, W. Xie, and S. Liu. Efficient multilayer electrophosphorescence white polymer light-emitting diodes with aluminum cathodes. *Organic Electronics*, 12(1):154–160, 2011.

[187] H. Yersin. *Transition metal and rare earth compounds III: Excited states, transitions, interactions: Pt. 3 (Topics in current chemistry)*. 3540209484. Springer Berlin Heidelberg, 2004.

[188] H. Yersin. *Highly efficient OLEDs with phosphorescent materials*. Number ISBN: 978-3-527-40594-7. wiley, 2007.

[189] K. S. Yook, C. W. Joo, S. O. Jeon, and J. Y. Lee. Small molecule based mixed interlayer for color control of solution processed multilayer white polymer light-emitting diodes. *Organic Electronics*, 11(2):184–187, 2010.

[190] K. S. Yook and J. Y. Lee. Solution processed deep blue phosphorescent organic light-emitting diodes with over 20% external quantum efficiency. *Organic Electronics*, In Press, Uncorrected Proof:–.

[191] G. Yu, J. Gao, J. Hummelen, F. Wudl, and A. Heeger. Polymer photovoltaic cells: Enhanced efficiencies via network of internal donor-acceptor heterojunctions. *Science*, 270:1789, 1995.

[192] J. Zaumseil, C. Donley, J.-S. Kim, R. Friend, and H. Sirringhaus. Efficient top-gate, ambipolar, light-emitting field-effect transistors based on a green-light-emitting polyfluorene. *Adv. Mater.*, 18(20):2708–2712, 2006.

[193] Y. Zhang, B. de Boer, and P. W. M. Blom. Controllable molecular doping and charge transport in solution-processed polymer semiconducting layers. *Adv. Funct. Mater.*, 19(12):1901–1905, 2009.

[194] X. Zhou, D. S. Qin, M. Pfeiffer, J. Blochwitz-Nimoth, A. Werner, J. Drechsel, B. Maennig, K. Leo, M. Bold, P. Erk, and H. Hartmann. High-efficiency electrophosphorescent organic light-emitting diodes with double light-emitting layers. *Applied Physics Letters*, 81(21):4070–4072, 2002.

Abbildungsverzeichnis

Tabellenverzeichnis

Anhang

A. Danksagung

Ich danke zuerst Herrn Prof. Dr. rer. nat. Uli Lemmer für die Möglichkeit, am Lichttechnischen Institut meine Doktorarbeit anfertigen zu dürfen. Vor allem möchte ich für die ausgezeichnete fachliche Betreuung danken. Ich bedanke mich auch für die Möglichkeit, Theorie und Praxis durch die unvergessliche Exkursion der großen Solar-Unternehmen in Kalifornien zu bilden. Dies hat mich extrem motiviert und mir ferner einen besseren Überblick gegeben.

Herrn Prof. Dr.-Ing. Wilhelm Schabel möchte ich für die Übernahme des Koreferats und die damit verbundene Arbeit danken.

Ich möchte mich bei Dr. Alexander Colsmann für die sehr gute Betreuung meiner Arbeit in der organischen Photovoltaik Gruppe bedanken. Mein großer Dank geht an alle Kolleginnen und Kollegen am LTI. Besonders möchte ich mich bei Christian Kayser und Thorsten Feldmann für die sehr gute Arbeit im Reinraum bedanken. Ich möchte mich bei den Kollegen in der OPV- und OLED-Gruppe für die sehr kooperative Zusammenarbeit und die angenehme Atmosphäre bedanken. Andre Gall, Manfred Schold danke ich für die produktiven Diskussionen über thermoelektrische Generatoren. Ich möchte Herrn Mario Sütsch und Herrn Felix Geislhöringer für die Hilfe beim Aufbau des Seebeck-Messplatzes und anderer kleiner Bauteilen danken. Jonas Hanisch vom Zentrum für Sonnenenergie- und Wasserstoff-Forschung in Stuttgart danke ich für die SIMS-Messungen der BPhen:CsF-Proben. Marina Pfaff vom Laboratorium für Elektronenmikroskopie danke ich für die schnellen STEM- und EDX-Messungen. Bei Thomas Baumann, Michael Bächle sowie Tobias Grab von der Firma Cynora und Nina Rigel von der Firma Osram möchte ich mich für die gute Zusammenarbeit bedanken. Ich möchte Benjamin Schmidt-Hansberg sowie Katharina Peters von der Thin Film Technology am KIT für die gemeinsamen Experimente und die Zusammenarbeit sehr danken. Bei Frau Astrid Henne ebenso wie Frau Claudia Holeisen bedanke ich mich für die Hilfe bei vielen bürokratischen Arbeiten.

Bei meinen Studenten Andre Bott, Johannes Lang, Hendry Vogeler, Stefan Schindler, Stefan Höfle, Daniel Bahro, Bashir Fakih, Sebastian Blume und Igor Romanov bedanke ich mich ganz herzlich. Sie haben einen großen Teil zu den guten Ergebnissen meiner Arbeit beigetragen.

Die vorliegende Arbeit wäre ohne die wertvolle moralische Unterstützung bei Weitem nicht so gut gelungen. Ich möchte zuerst und von ganzen Herzen meiner Gastfamilie danken. Bei Alexandra Lunow, Svenja Wasmer und Martin Koch möchte ich mich für die schönen gemeinsamen Erlebnisse bedanken. Durch die Sport- und Freizeitaktivitäten habe ich immer wieder frische Energie getankt. Ich möchte mich bei dem Ski-Team, Sönke Klinkhammer, Felix Nickel, Boris Riedel, Julian Hauß, Felix Glöckler, Nico Christ, Florian Maier-Flaig, Andre Gall, Simon Wendel, Carsten Eschenbaum, Sebastian Valouch und Manuel Reinhard für die wunderschönen Momente bedanken. Besonders bei Katrin Haulitschke möchte ich mich bedanken. Sie hat mich zum Joggen gebracht. Sehr stark möchte ich Stefan Haaß für das Marathon-laufen danken. Auch bei den anderen Freizeit-Runnern am LTI, Carola Moosman, Jan Brückner, Julian Hauß, Boris Riedel, Stefan Höfle, Andre Gall, Manuel Reinhard und Uli Lemmer möchte ich mich herzlich bedanken. Es war eine sehr entspannte Zeit, nach der Arbeit joggen zu gehen. Dem Kanu-Team und besonders Stefan Höfle möchte ich danken für den spaßigen Wettbewerb.

I would like to thank everyone in my big family. They often motivate me. My biggest thanks go to my father Do, Van Chien and my sister Do, Thanh Ha for all, how they supported me. I would like to thank my uncle Do, Ba Quyet for his unforgettable visit and his encouragement. Additionally I would like to thank my cousins Le, Van Hung and Do, Thanh Minh for having me in London and Paris.

B. Lebenslauf

Name:	Thai Hung Do
Geburtsdatum:	08. Oktober 1981
Geburtsort:	Ha Noi, Vietnam
Staatsangehörigkeit:	vietnamesisch

Ausbildung

09/1987-06/1992	Grundschule, Nguyen Trai
09/1992-06/1996	Mittelschule, Nguyen Trai
09/1996-06/1999	Oberschule
09/1999-07/2002	Bachelorstudium der Elektro- und Informationstechnik an der Hanoi Univeristy of Technology
03/2004-10/2004	Studium der Elektro- und Informationstechnik an der Universität Stuttgart
10/2004-07/2007	Masterstudium der Elektro- und Informationstechnik an der Universität Karlsruhe (TH)
12/2007-09/2012	Wissenschaftlicher Mitarbeiter am Lichttechnischen Institut des Karlsruher Instituts für Technologie (KIT)